创新应用型数字交互规划教材
机械工程

机械工程测试技术基础

李郝林 · 主编

上海科学技术出版社

国家一级出版社
全国百佳图书出版单位

内 容 提 要

机械工程测试技术是研究机械工程领域有关测试方法、测试手段和测试理论的科学，本书所论述的内容主要涉及机械工程测试技术的基本理论与方法。全书共7章，内容主要包括：测试技术的基本理论，包括信号的时域和频域的描述方法、随机信号分析方法；机械工程常用传感器的工作原理、性能及选用方法；测试装置静态、动态特性的评价方法及其应用；测试技术中计算机数据采集的基本知识；机械工程测试技术的基本理论在工程中应用的基本知识。本书依托增强现实(AR)技术，将视频、动画等数字资源与纸质教材交互，为读者和用户带来更丰富有效的阅读体验。为了方便教学使用，在出版社网站(www.sstp.cn)“课件/配套资源”栏目提供免费电子课件，供教师用户参考。

本书可作为高等院校机械类、机电类专业机械工程测试技术课程的教材，亦可供有关工程技术人员参考。

图书在版编目(CIP)数据

机械工程测试技术基础 / 李郝林主编. —上海：上海科学技术出版社，2017.10(2023.6重印)
创新应用型数字交互规划教材. 机械工程
ISBN 978-7-5478-3543-2

Ⅰ.①机… Ⅱ.①李… Ⅲ.①机械工程-测试技术-高等学校-教材 Ⅳ.①TG806

中国版本图书馆CIP数据核字(2017)第088211号

机械工程测试技术基础
李郝林　主编

上海世纪出版(集团)有限公司
上 海 科 学 技 术 出 版 社 出版、发行
(上海市闵行区号景路159弄A座9F-10F)
邮政编码 201101　www.sstp.cn
常熟市兴达印刷有限公司印刷
开本 787×1092 1/16 印张 9
字数：220千字
2017年10月第1版 2023年6月第4次印刷
ISBN 978-7-5478-3543-2/TH·66
定价：35.00元

编审委员会

编写委员会

（以姓氏笔画为序）

支持单位

（按首字拼音排序）

东华大学

华东理工大学

青岛海尔模具有限公司

瑞士奇石乐(中国)有限公司

上海大学

上海电气集团上海锅炉厂有限公司

上海高罗输送装备有限公司技术中心

上海工程技术大学

上海理工大学

上海师范大学

上海新松机器人自动化有限公司

上海应用技术大学

上海紫江集团

上汽大众汽车有限公司

同济大学

西门子工业软件(上海)研发中心

浙江大学

丛书序

在“中国制造2025”国家战略指引下，在“深化教育领域综合改革，加快现代职业教育体系建设，深化产教融合、校企合作，培养高素质劳动者和技能型人才”的形势下，我国高教人才培养领域也正在经历又一重大改革，制造强国建设对工程科技人才培养提出了新的要求，需要更多的高素质应用型人才，同时随着人才培养与互联网技术的深度融合，尽早推出适合创新应用型人才培养模式的出版项目势在必行。

教科书是人才培养过程中受教育者获得系统知识、进行学习的主要材料和载体，教材在提高人才培养质量中起着基础性作用。目前市场上专业知识领域的教材建设，普遍存在建设主体是高校，而缺乏企业参与编写的问题，致使专业教学教材内容陈旧，无法反映行业技术的新发展。本套教材的出版是深化教学改革，践行产教融合、校企合作的一次尝试，尤其是吸收了较多长期活跃在教学和企业技术一线的专业技术人员参与教材编写，有助于改善在传统机械工程向智能制造转变的过程中，“机械工程”这一专业传统教科书中内容陈旧、无法适应技术和行业发展需要的问题。

另外，传统教科书形式单一，一般形式为纸媒或者是纸媒配光盘的形式。互联网技术的发展，为教材的数字化资源建设提供了新手段。本丛书利用增强现实(AR)技术，将诸如智能制造虚拟场景、实验实训操作视频、机械工程材料性能及智能机器人技术演示动画、国内外名企案例展示等在传统媒体形态中无法或很少涉及的数字资源，与纸质产品交互，为读者带来更丰富有效的体验，不失为一种增强教学效果、提高人才培养的有效途径。

本套教材是在上海市机械专业教学指导委员会和上海市机械工程学会先进制造技术专业委员会的牵头、指导下，立足国内相关领域产学研发展的整体情况，来自上海交通大学、上海理工大学、同济大学、东华大学、上海大学、上海应用技术大学、上海工程技术大学等近10所院校制造业学科的专家学者，以及来自江浙沪制造业名企及部分国际制造业名企的专家和工程师等一并参与的内容创作。本套创新教材的推出，是智能制造专业人才培养的融合出版创新探索，一方面体现和保持了人才培养的创新性，促使受教育者学会思考、与社会融为一体；另一方面也凸显了新闻出版、文化发展对于人才培养的价值和必要性。

中国工程院院士

丛书前言

进入21世纪以来，在全球新一轮科技革命和产业变革中，世界各国纷纷将发展制造业作为抢占未来竞争制高点的重要战略，把人才作为实施制造业发展战略的重要支撑，改革创新教育与培训体系。我国深入实施人才强国战略，并加快从教育大国向教育强国、从人力资源大国向人力资源强国迈进。

《中国制造2025》是国务院于2015年部署的全面推进实施制造强国战略文件，实现"中国制造2025"的宏伟目标是一个复杂的系统工程，但是最重要的是创新型人才培养。当前随着先进制造业的迅猛发展，迫切需要一大批具有坚实基础理论和专业技能的制造业高素质人才，这些都对现代工程教育提出了新的要求。经济发展方式转变、产业结构转型升级急需应用技术类创新型、复合型人才。借鉴国外尤其是德国等制造业发达国家人才培养模式，校企合作人才培养成为学校培养高素质高技能人才的一种有效途径，同时借助于互联网技术，尽早推出适合创新应用型人才培养模式的出版项目势在必行。

为此，在充分调研的基础上，根据机械工程的专业和行业特点，在上海市机械专业教学指导委员会和上海市机械工程学会先进制造技术专业委员会的牵头、指导下，上海科学技术出版社组织成立教材编审委员会和编写委员会，联络国内本科院校及一些国内外大型名企等支持单位，搭建校企交流平台，启动了"创新应用型数字交互规划教材｜机械工程"的组织编写工作。本套教材编写特色如下：

1. 创新模式、多维教学。教材依托增强现实(AR)技术，尽可能多地融入数字资源内容(如动画、视频、模型等)，突破传统教材模式，创新内容和形式，帮助学生提高学习兴趣，突出教学交互效果，促进学习方式的变革，进行智能制造领域的融合出版创新探索。

2. 行业融合、校企合作。与传统教材主要由任课教师编写不同，本套教材突破性地引入企业参与编写，校企联合，突出应用实践特色，旨在推进高校与行业企业联合培养人才模式改革，创新教学模式，以期达到与应用型人才培养目标的高度契合。

3. 教师、专家共同参与。主要参与创作人员是活跃在教学和企业技术一线的人员，并充分吸取专家意见，突出专业特色和应用特色。在内容编写上实行主编负责下的民主集中制，按照应用型人才培养的具体要求确定教材内容和形式，促进教材与人才培养目标和质量的接轨。

4. 优化实践环节。本套教材以上海地区院校为主，并立足江浙沪地区产业发展的整体情况。参与企业整体发展情况在全国行业中处于技术水平比较领先的位置。增加、植入这些企业中当下的生产工艺、操作流程、技术方案等，可以确保教材在内容上具有技术先进、工艺领先、案例新颖的特色，将在同类教材中起到一定的引领作用。

5. 增设与国际工程教育认证接轨的“学习成果达成要求”。即本套教材在每章开始，明确说明本章教学内容对学生应达成的能力要求。

本套教材“创新、数字交互、应用、规划”的特色，对避免培养目标脱离实际的现象将起到较好作用。

丛书编委会先后于上海交通大学、上海理工大学召开5次研讨会，分别开展了选题论证、选题启动、大纲审定、统稿定稿、出版统筹等工作。目前确定先行出版10种专业基础课程教材，具体包括《机械工程测试技术基础》《机械装备结构设计》《机械制造技术基础》《互换性与技术测量》《机械CAD/CAM》《工业机器人技术》《机械工程材料》《机械动力学》《液压与气动技术》《机电传动与控制》。教材编审委员会主要由参加编写的高校教学负责人、教学指导委员会专家和行业学会专家组成，亦吸收了多家国际名企如瑞士奇石乐(中国)有限公司和江浙沪地区大型企业的参与。

本丛书项目拟于2017年12月底前完成全部纸质教材与数字交互的融合出版。该套教材在内容和形式上进行了创新性的尝试，希望高校师生和广大读者不吝指正。

上海市机械专业教学指导委员会

前　言

机械工程测试技术基础作为机械类专业的一门专业理论基础课，主要涉及机械工程测试技术的基本理论与方法。测试技术是研究有关测试方法、测试手段和测试理论的科学，是人们借以认识客观对象的本质，并掌握其内在联系和变化规律的一种科学方法。在工程技术领域，产品开发、生产制造、质量控制和性能试验等都离不开测试技术。测试技术本身也随着计算机技术、传感器技术以及信号处理技术的发展而不断发展。本书通过讲授测试技术的基础知识，培养学生掌握本学科领域内常见测试系统的组成与设计，以及进行机械工程参数测量和试验信号分析与处理的基本技能。

从教材内容方面看，目前国内同类教材主要包括机械工程测试技术的基本理论与常用机械量的测量知识两部分。考虑到受学时限制，教学实践中一般无法讲解常用机械量的测量知识，而这些知识只能算作机械测试理论的应用案例，本教材未包括这部分内容。同时考虑到测试信号处理理论对于测试技术应用的重要性，本书增加了随机测量信号分析与处理一章的内容。为了增强教材内容的实用性，在教材编写过程中与世界著名传感器生产企业瑞士奇石乐(中国)有限公司密切合作，由其提供了传感器及实际工程中的测量案例。最后，通过机械系统测量的工程案例，使学生了解测试技术理论的应用方法。

本书在编写中力求保持内容的完整性和系统性。第1章绪论，主要对机械工程测试技术进行概要介绍；第2章测量信号及其描述方法，主要介绍测量信号的时域与频域描述方法，并介绍了工程中大量存在的随机测量信号描述方法；第3章随机测量信号分析与处理，主要介绍了随机时域信号分析与处理及随机频域信号分析与处理的基本方法，并给出了这些方法在工程中应用的相关知识与案例；第4章测量装置及其主要特性，主要介绍了测试装置的静态特性与动态特性的描述方法与评价方法，并论述了实现不失真测试的条件的相关知识；第5章常用测量传感器，主要介绍了机械工程领域常用传感器的工作原理以及工作特性；第6章信号的调理与数字化，主要介绍了常用的测量信号调理方法，包括电桥、滤波器等，并介绍了计算机数字化采样的基本原理与应用知识；第7章机械系统测量的工程案例，分别介绍了测量仪器的选择、机械系统动态性能测试以及测量信号处理的典型案例，通过这些案例说明测试技术理论在解决工程实际问题过程中所起到的作用及其实际应用的方法。

本书适于机械类、机电类专业的本科生使用。教材依托增强现实(AR)技术，将数字资源与纸质教材交互，为读者和用户带来更丰富有效的阅读体验，具体使用方法参见目录前“本书配套数字交互资源使用说明”。另外，教材按其主要内容编制了各章课件并提供思考与练习答案，在上海科学技术出版社网站“课件/配套资源”栏目公布，欢迎读者登录 www.sstp.cn 浏览、下载。

本书由上海理工大学李郝林教授主编并统稿。具体编写分工如下：李郝林编写第 1～第 4 章；上海理工大学景大雷、范开国编写第 5 章、第 6 章，瑞士奇石乐(中国)有限公司吴小清提供该章节部分传感器实例与应用案例的介绍；瑞士奇石乐(中国)有限公司李斌编写第 7 章；上海理工大学谢玲承担了教材“思考与练习”的编写任务。

由于编者水平所限，书中可能存在误漏欠妥之处，竭诚欢迎读者批评指正。

编者

本书配套数字交互资源使用说明

针对本书配套数字资源的使用方式和资源分布，特做如下说明：

1. 用户(或读者)可持安卓移动设备(系统要求安卓4.0及以上)，打开移动端扫码软件(本书仅限于手机二维码、手机qq)，扫描教材封底二维码，下载安装本书配套APP，即可阅读识别、交互使用。手持设备与教材保持垂直距离10～15 cm，识别效果更佳。

2. 本书“思考与练习”，提供部分题目的解析步骤，读者可以使用配套APP扫描大题题干，查看、参考。

3. 小节等各层次标题后对应有加“ ”标识的，提供视频等数字资源，进行识别、交互。具体扫描对象位置和数字资源对应关系参见下列附表。

扫描对象位置	数字资源类型	数字资源名称
1.1节下层次1)标题	视频	产品开发和性能试验
1.1节下层次2)标题	视频	质量控制和生产监督
	视频	Kistler装配过程监控
1.1节下层次3)标题	视频	设备的状态监测和故障诊断
2.2节标题	视频	频谱分析在工程中的应用案例
3.2.1节标题	视频	中心极限定理与正态分布
	视频	汽车行驶工况统计分析——二维概率分布
3.3.2节下层次1)标题	视频	相关测速产品案例
4.2节标题	视频	测试装置的静态特性
5.4节标题	视频	电容传感器
5.5节标题	视频	电感传感器
6.1节标题	视频	电桥测应变
6.2节标题	视频	滤波器
6.3节标题	视频	信号的数字化
7.2节标题	视频	数控磨床动态特性测量

目　录

第 1 章

绪　论

1.1 机械测试技术的研究对象与应用

测试技术是科学研究和技术评价的基本方法之一，它是具有试验性质的测量技术，是测量和试验的综合。测量是为确定被测对象的量值而进行的试验过程；试验是对迄今未知事物的探索性认识过程。因此，测试技术包括测量与试验两个方面。

测试技术是研究有关测试方法、测试手段和测试理论的科学，是人们借以认识客观对象的本质，并掌握其内在联系和变化规律的一种科学方法。在测试过程中，需要选用专门的仪器设备，设计合理的试验系统并进行必要的数据处理，从而获得被测对象的有关信息。

机械工程测试技术的任务主要是从复杂的信号中提取被研究对象的状态信息，以一定的精度描述和分析其运动状态，它是科学研究的基本方法。对于处于生产过程中的机械产品，机械工程测试技术在控制和改进产品的质量、保证设备的安全运行以及提高生产率、降低成本等方面都有着重要的作用。

机械测试技术的研究对象主要包括静态测试与动态测试。静态测试是指测量期间被测量值是静止不变或变化极其缓慢的测试，如对工件的直径、长度、角度等的测量；而动态测试是指对随时间变化较快的被测量所进行的测试，如机械的振动、噪声、切削力、加工过程中的零件尺寸等的测量。本课程的重点是研究机械工程中的动态测试技术的基本原理。

机械工程测试技术已广泛应用于不同的领域并在各个自然科学研究领域起着重要作用。机械工程技术人员在面临系统分析、优化设计、系统评价等众多问题时，不可避免地需要采用各种测试技术，获取研究对象的状态信息，掌握研究对象的静态与动态性能。机械工程测试技术在机械工程领域的应用主要划分为以下三个方面：

1）产品开发和性能试验

在装备设计及改造过程中，通过模型试验或现场实测，人们可以获得设备及其零部件的载荷、应力、变形以及工艺参数和力能参数等，实现对产品质量和性能的客观评价，为产品技术参数优化提供基础数据。例如，对齿轮传动系统，要做承载能力、传动精确度、运行噪声、振动机械效率和寿命等性能试验。再者，为了评价所设计汽车车架的强度与寿命，需要测定汽车所承受的随机载荷和车架的应力、应变分布。

2）质量控制和生产监督

测试技术是质量控制和生产监督的基本手段。在设备运行和环境监测中，人们经常需要测量设备的振动和噪声，分析振动源及其传播途径，进行有效的生产监督，以便采取有效的减振、防噪措施；在工业自动化生产中，人们通过对工艺参数的测试和数据采集，可以实现对产品质量的控制和生产监督。例如，为了消除机床在切削过程中刀架系统的颤振，以保证零件的加工精度与表面质量，需要测定机床的振动速度、加速度以及机械阻抗等动态特性参数。

3）设备的状态监测和故障诊断

利用机器在运行或试验过程中出现的诸多现象，如温升、振动、噪声、应力变化、润滑油状态来分析、推测和判断设备的状态，同样运用故障诊断技术可以实现故障的精确定位和故障分析。例如，设备振动和噪声会严重降低工作效率并危害健康，因此需要现场实测各种设备的振动和噪声，分析振动源和振动传播的路径，以便采取合理的减振、隔振等措施。

1.2 机械测试技术的主要知识与内容

测试技术是人们借以认识客观对象的本质，并掌握其内在联系和变化规律的一种科学方法。在测试过程中，人们需要选用专门的仪器设备，设计合理的试验系统并进行必要的数据处理，从而获得被测对象的有关信息。

测试信息总是蕴含在表征某些物理量的信号之中，信号是测试信息的载体。在机械工程测试中，某些信息是可以直接检测的，而有些信息却是不容易直接检测的，只有通过对信号的分析处理才能获得。还有一些信息在一些状态下可能没有显示出来，要测量这些特性参量时，需要激励该系统，使其处于能够充分显示这些参量特性的状态中，以便有效地检测载有此信息的信号。例如，机床主轴内轴承的温升，可以通过温度传感器直接进行检测。而如果想知道该温升所造成的主轴多方向的热变形，则一般需要通过主轴结构的传热机理进行分析与计算获得。如果进一步希望掌握主轴在不同切削工艺参数情况下的动力学特性，则需要通过力锤的脉冲激励，测得其振动响应情况，确定主轴结构的固有频率、阻尼、振型等动态特性参数，结合主轴转速、刀具参数等分析主轴在不同切削工艺参数情况下的稳定性。

为了说明机械工程测试技术所包含的主要知识与内容，以下结合机床主轴的径向跳动测试实例进行论述。通过由位移传感器所组成的机床主轴径向跳动测试系统，可以获得主轴在某一方向的径向跳动信息。但是，如果提出更深入的问题：主轴的径向跳动对工件的质量会产生怎样的影响？如果主轴的径向跳动超过了标准，是什么原因引起的？是主轴本身的弯曲、轴承的质量、轴承的外圈或内圈，还是轴承的滚珠引起的？诸如此类的问题，只有通过信号检测与分析才可以得到解答。人们也可以通过测量机床主轴的跳动、机床的噪声、机床的振动等信号获得机床运行状态的信息，诊断机床主轴径向跳动超标的故障原因。

通过以上测试任务的分析可以发现，要完成一次科学的测试，需要掌握多方面的知识。机械工程测试技术的主要知识与内容包括以下几个方面：

1）测量传感器的选用知识

传感器是可将被测量转换成某种电信号的器件，不同性质的被测对象用不同的原理去测量，同一性质的被测对象亦可用不同的原理去测量。例如，测量位移既可用激光传感器，也可使用电涡流传感器。技术人员须根据测量任务的具体要求和现场的实际情况，综合考虑传感器的动态性能、精度以及对使用环境的要求等多种因素，正确地选用传感器。通过学习、掌握传感器的原理及特点，有助于正确选用与使用传感器。

2）测量装置的基本特性

测量的目的是在测量误差满足精度的条件下，获得被测物理量的测量值。由于测量系统特性的影响，信号经过测量系统传递与转换后，会出现测量失真。为了掌握测量系统哪些环节能够产生测量误差，如何减小以致消除这些误差，必须了解测试系统的基本特性。

3）信号处理与分析

在测试中所获得的各种动态信号包含着丰富的有用信息，信号的分析与处理过程就是对测试信号进行去伪存真、排除干扰从而获得所需的有用信息的过程。实际过程中测试的任务千变万化，信号处理与分析的方法也多种多样。测试信号的物理特性是千差万别的，但按其变化的特点来看可以分为两类：第一类是确定性信号，这类信号可以表示为确定的时间函数，可确定其任何时刻的量值。例如，正弦函数所描述的交流电信号。第二类是随机信号，这种信号波形的变化没有规则，在无限长时间内波形不会出现重复。然而随机信号的许多统计特征量却往往是相对稳定的，或做有规律的变化。实际工程中多数测试信号为随机信号，因此随机信号的处理与分析是测试技术的重要内容。

1.3 本课程学习内容及其所能够解决的问题

测试技术是一门综合性技术。现代测试系统常常是机电一体化，软硬件相结合的自动化、智能化系统。它涉及传感技术、微电子技术、控制技术、计算机技术、信号处理技术、精密机械设计理论等众多技术领域。但从课程学习的角度，机械工程测试技术属于高等学校机械工程有关专业的一门技术基础课。通过学习本课程，学生能学会较正确地选用测试装置并初步掌握进行动态测试所需要的基本知识和技能。本书所论述的内容主要是机械工程测试技术的基本理论与方法，所学习的内容主要包括：

（1）测试技术的基本理论，包括信号的时域和频域的描述方法、随机信号分析方法，以及数字信号分析与处理的基本知识；

（2）机械工程常用传感器的工作原理和性能，及传感器的正确选用方法；

（3）测试装置静态、动态特性的评价方法，及其应用于测试装置的分析和选择的正确方法；

（4）测试技术中计算机数据采集的基本知识；

（5）机械工程测试技术的基本理论在工程中应用的基本知识。

总之，本书所介绍的内容主要是为从事机械测试技术的人员提供一些动态测试的基本概念与方法。

第 2 章

测量信号及其描述方法

◎ **学习成果达成要求**

测试信息总是蕴涵在表征某些物理量的信号之中，信号是测试信息的载体。为了从测量信号中获取有用信息的技术，需要学习测量信号及其描述方法。

学生应达成的能力要求包括：

1. 能够开展信号的频域描述与分析。
2. 能够初步分析随机测量信号的特征参数，并对随机测量信号进行描述。

测量信号中携带着人们所需要的有用信息。对信号进行分析，其目的是通过对信号的数学变换，改变信号的形式，以便识别、提取信号中有用的信息。把时域信号经过一定的数学处理，变换到频域上来描述，即进行频谱分析，是最常用的信号分析方法。测试过程就是信号的采集、分析、处理、显示和记录的过程，为了掌握由测量信号中获取有用信息的技术，需要学习测量信号及其描述方法。

2.1 测量信号的分类

对实际信号，可以从不同的角度、不同的特征以及不同的使用目的对其进行分类。

2.1.1 确定性信号和非确定性信号

1）确定性信号

能用确定的数学关系式来表达的信号称为确定性信号。例如集中质量的单自由度振动系统做无阻尼自由振动时的位移就是确定性信号。

2）非确定性信号

不能用确定的数学关系式来表达的信号称为非确定性信号。例如汽车在行驶过程中的振动、随风摆动的树叶的振动、海浪的高低等，其幅值的大小、最大幅值出现的时间等均无法由公式来计算、预测，就是实际测量的结果每次也不相同，这种性质称为“随机性”，故也称这种非确定性信号为随机信号。

2.1.2 周期信号和非周期信号

确定性信号又可以分为周期信号和非周期信号。

1）周期信号

若一个随时间变化的信号 $x(t)$，当满足关系式

$$x(t) = x(t + nT) \tag{2-1}$$

时，称 $x(t)$ 为周期信号。

式中，T 为周期信号的周期(单位：s)；n 为周期信号的整周期数，$n = \pm 1, \pm 2, \pm 3, \cdots$。

2) 非周期信号

能用确定的数学关系式表达，但取值不具有周期性的信号称为非周期信号。指数信号、阶跃信号等都是非周期信号。

2.1.3　模拟信号和数字信号

随着计算机技术的发展与应用，也可以从另一个角度把信号分为模拟信号和数字信号。

按信号的取值特征，即根据信号的幅值及其自变量(即时间 t)是连续的还是离散的，可将信号分成连续信号和离散信号两大类，具体如下：

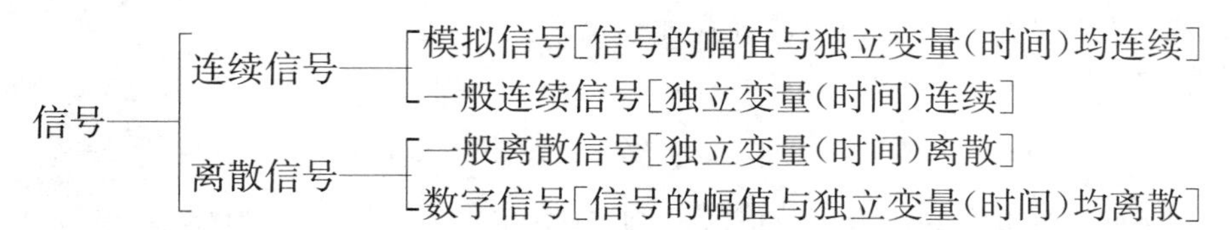

根据信号的取值在时间上是否是连续的(不考虑个别不连续点)，可以将信号分为时间连续信号和时间离散信号。如果信号在所讨论的时间段内的任意时间点都有确定的函数值，则称此类信号为时间连续信号，简称连续信号。连续信号的函数值可以是连续的，也可以是离散的，如图 2－1 所示。实际系统中存在的绝大多数物理过程或物理量，都是在时间上和在幅值上连续的量。对这些连续量，称为模拟信号。离散信号是在连续信号上采样得到的信号。离散信号虽然在时间上是离散的，但在幅值上还是连续的，如图 2－2 所示。如果进一步通过模数(A/D)转换器，把幅值上连续的离散信号变换成数码(例如二进制码)的形式，这个过程就称为量化过程。时间上离散化、幅值上整量化的信号，称为数字信号。显然，数字信号是离散信号的一种特殊形式。

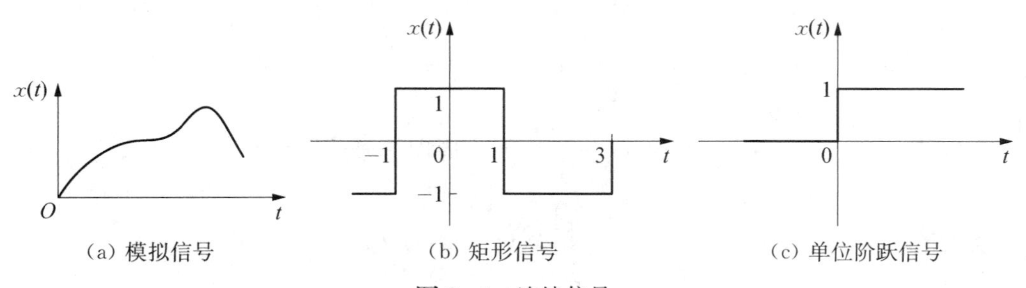

(a) 模拟信号　　(b) 矩形信号　　(c) 单位阶跃信号

图 2－1　连续信号

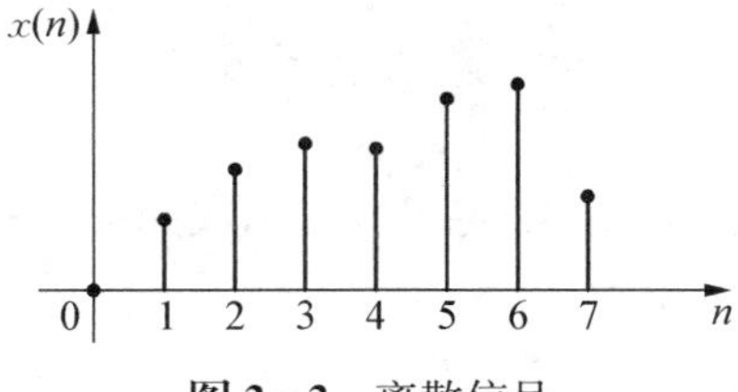

图 2－2　离散信号

2.2 确定性测量信号及其描述

信号可以用时域表示，也可以用频域描述。在时域描述中，信号的自变量为时间，信号的历程随时间而展开。信号的时域描述主要反映信号的幅值随时间的变化规律。频域描述以频率为自变量，描述信号中所含频率成分的幅值和相位。频域描述的结果是以频率为横坐标的各种物理量的谱线或曲线，可从频率分布的角度出发研究信号的结构及各种频率成分的幅值和相位关系，如幅值谱、相位谱、功率谱和谱密度等。时域描述和频域描述为从不同的角度观察、分析信号提供了方便。运用傅里叶级数、傅里叶变换及其逆变换，可以方便地实现信号的时域、频域转换。

2.2.1 周期信号的频域描述

2.2.1.1 周期信号的三角函数展开式和频谱

最简单的周期信号是正弦信号，表示为

$$x(t) = A\sin(\omega t + \theta) = A\sin(2\pi ft + \theta) \tag{2-2}$$

式中，A 为正弦信号的幅值；ω 为正弦信号的圆频率(单位：rad/s)；f 为频率(单位：Hz)；θ 为正弦信号的相位(也称相角或初相角，单位：rad)。

如果正弦信号的周期为 T，则它们之间的关系为

$$f = \frac{1}{T} = \frac{\omega}{2\pi} \tag{2-3}$$

幅值、频率、相位是正弦信号的三要素，三者唯一地确定了正弦信号的形式。余弦信号 $\cos\omega t$ 与正弦信号 $\sin\omega t$ 只是相位相差了 $\pi/2$。

1）傅里叶级数

满足狄利克雷(Dirichlet)条件的周期信号，即在区间$(-T/2,\ T/2)$连续或只有有限个第一类间断点，且只有有限个极值点的周期信号，均可在一个周期内用正弦函数和余弦函数表达成傅里叶级数的形式，即

$$x(t) = a_0 + \sum_{n=1}^{\infty}(a_n\cos n\omega_0 t + b_n\sin n\omega_0 t) \quad (n = 1,\ 2,\ 3,\ \cdots) \tag{2-4}$$

式中 常值分量 $$a_0 = \frac{1}{T}\int_{-\frac{T}{2}}^{\frac{T}{2}} x(t)\mathrm{d}t \quad (T\text{ 为周期信号的周期}) \tag{2-5}$$

余弦分量的幅值 $$a_n = \frac{2}{T}\int_{-\frac{T}{2}}^{\frac{T}{2}} x(t)\cos n\omega_0 t\mathrm{d}t \tag{2-6}$$

正弦分量的幅值 $$b_n = \frac{2}{T}\int_{-\frac{T}{2}}^{\frac{T}{2}} x(t)\sin n\omega_0 t\mathrm{d}t \tag{2-7}$$

圆频率 $$\omega_0 = \frac{2\pi}{T}$$

由两角和的三角函数公式，式(2-4)也可以表示成如下形式：

$$x(t) = a_0 + \sum_{n=1}^{\infty}A_n\sin(n\omega_0 t + \theta_n) \quad (n = 1,\ 2,\ 3,\ \cdots) \tag{2-8}$$

式中，$A_n = \sqrt{a_n^2 + b_n^2}$，$\tan\theta_n = \dfrac{a_n}{b_n}$。

式(2-8)具有更明确的物理意义。它表明，任何满足狄利克雷条件的周期信号，均可在一个周期内表示成一个常值分量 a_0 和一系列正弦分量之和的形式。其中，$n=1$ 的那个正弦分量称为基波，对应的频率 ω_0 称为该周期信号的基频，其他正弦分量按 n 的数值，分别称为 n 次谐波，如 $\sin 2\omega_0 t$，$\sin 3\omega_0 t$ 和 $\sin 9\omega_0 t$ 分别称为二次谐波、三次谐波和九次谐波。由于 n 是整数序列，相邻频率的间隔 $\Delta\omega = \omega_0 = 2\pi/T$，因而谱线是离散的。

2）周期信号的频谱

以 $n\omega_0$ 为横坐标，以 A_n 为纵坐标，按 $n\omega_0$ - A_n 的关系绘出的曲线图形称为周期信号的幅值频谱，简称幅频谱。

以 $n\omega_0$ 为横坐标，以 θ_n 为纵坐标，按 $n\omega_0$ - θ_n 的关系绘出的曲线图形称为周期信号的相位频谱，简称相频谱。

幅值频谱、相位频谱统称频谱。对信号进行数学变换，获得频谱的过程称为信号的谱分析。

例 2-1　求如图 2-3 所示周期方波的频谱。

解： 周期方波信号 $x(t)$ 在一个周期内可以表示为

$$x(t) = \begin{cases} -A, & -\dfrac{T}{2} < t \leqslant 0 \\ A, & 0 < t \leqslant \dfrac{T}{2} \end{cases}$$

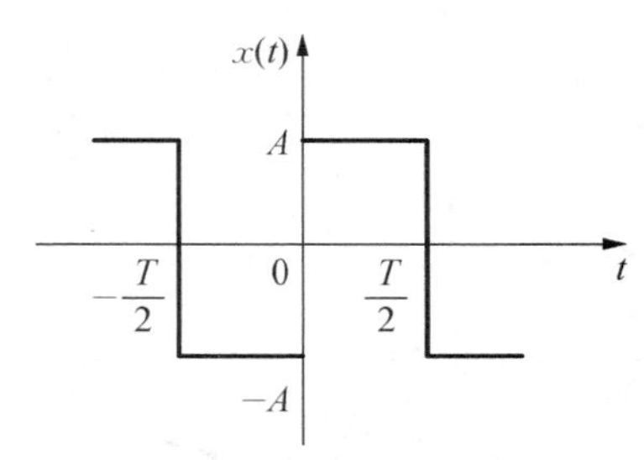

图 2-3　周期方波

从几何图形中很明显看出此周期方波的均值为 0，故其傅里叶级数展开式的常值分量为

$$a_0 = \frac{1}{T}\int_{-\frac{T}{2}}^{\frac{T}{2}} x(t)\,\mathrm{d}t = 0$$

因 $x(t)$ 是奇函数，所以余弦分量的幅值

$$a_n = \frac{2}{T}\int_{-\frac{T}{2}}^{\frac{T}{2}} x(t)\cos n\omega_0 t\,\mathrm{d}t = 0$$

正弦分量的幅值

$$\begin{aligned} b_n &= \frac{2}{T}\int_{-\frac{T}{2}}^{\frac{T}{2}} x(t)\sin n\omega_0 t\,\mathrm{d}t = \frac{2}{T}\int_{-\frac{T}{2}}^{0}(-A)\sin n\omega_0 t\,\mathrm{d}t + \frac{2}{T}\int_{0}^{\frac{T}{2}}(A)\sin n\omega_0 t\,\mathrm{d}t \\ &= \frac{2A}{n\pi}(1-\cos n\pi) = \begin{cases} \dfrac{4A}{n\pi}, & n = 1, 3, 5, \cdots \\ 0, & n = 2, 4, 6, \cdots \end{cases} \end{aligned}$$

所以，该方波的幅值为

$$A_n = \sqrt{a_n^2 + b_n^2} = \sqrt{0 + \left(\frac{4A}{n\pi}\right)^2} = \frac{4A}{n\pi} \quad (n = 1, 3, 5, \cdots)$$

当 $n = 2, 4, 6, \cdots$ 时，$A_n = 0$，该方波的相位为

$$\theta_n = \arctan\frac{a_n}{b_n} = \arctan\left(\frac{0}{b_n}\right) = \arctan(0) = 0 \quad (n = 1,3,5,\cdots)$$

综上可得

$$x(t) = \frac{4A}{\pi}\left(\sin\omega_0 t + \frac{1}{3}\sin 3\omega_0 t + \frac{1}{5}\sin 5\omega_0 t + \cdots\right)$$

根据以上计算结果可做出该信号的幅值频谱和相位频谱，如图 2-4a、b 所示。图上每条对应于某个频率值的直线称为谱线。

基波波形如图 2-5a 所示，若将上式中第 1、3 次谐波相加，结果如图 2-5b 所示，若将第 1、3、5 次谐波相加，结果则如图 2-5c 所示。显然，叠加项越多，叠加后越接近周期方波；当叠加项无穷多时，叠加成周期方波。

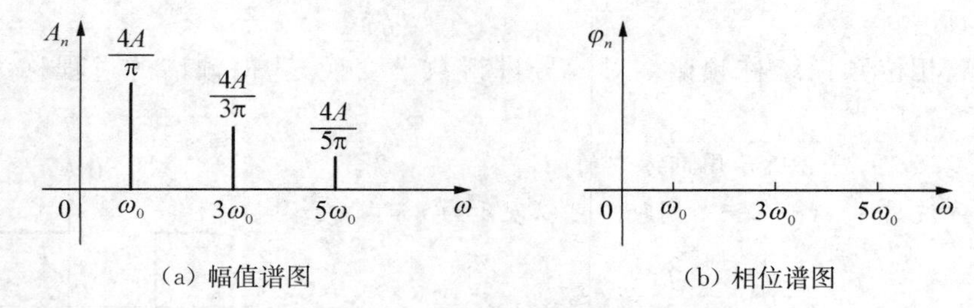

(a) 幅值谱图　　(b) 相位谱图

图 2-4　周期方波的频谱图

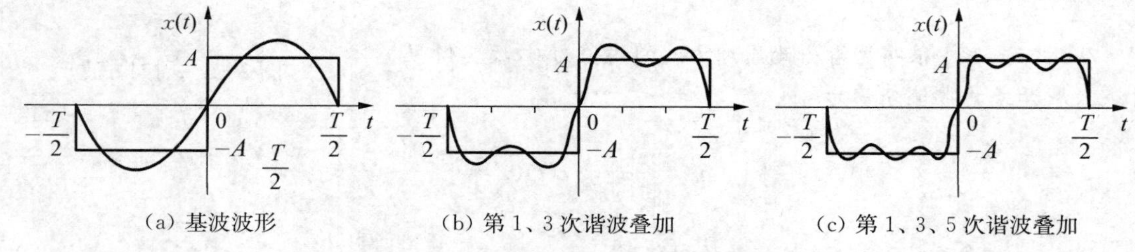

(a) 基波波形　　(b) 第 1、3 次谐波叠加　　(c) 第 1、3、5 次谐波叠加

图 2-5　周期方波谐波成分的叠加

从例 2-1 可以看出，周期信号的频谱具有以下特点：

(1) 离散性，即周期信号的频谱图上的谱线是离散的。

(2) 谐波性，即周期信号的频谱图上的谱线只发生在基频 ω_0 的整数倍频率上。

(3) 收敛性，从总体上来看，周期信号高次谐波的幅值具有随 n 的增加而衰减的趋势，因此，在频谱分析中可根据精度的需要决定谐波的次数。

频谱图上每条谱线的高度反映了该信号中所对应频率分量的数值大小(包括幅值和相位)，由此可以准确地了解信号中频率成分的组成，了解哪些频率成分占的比重大，起主导作用；哪些频率成分占的比重小，其作用微弱，等等，这在工程信号的分析中应用相当广泛。

周期信号经过傅里叶级数展开，得到它的频谱，这就完成了信号从时域到频域的转换。如图 2-6 所示，对于时域上的方波信号，从频域角度来观察，能看到的是一条条的谱线。然而在工程中，从这个角度的观察，往往可以比从时域角度观察获得更多的有用信息。

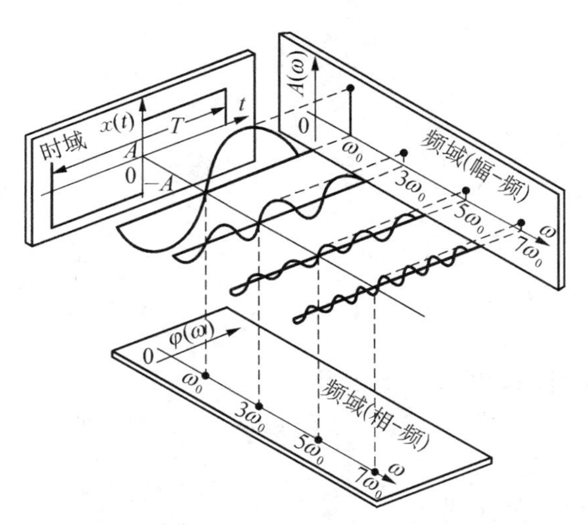

图 2-6 周期信号的时域、频域描述

2.2.1.2 **周期信号的复指数展开式**

为了进一步学习，还需要了解周期信号的复指数展开式。

将欧拉公式

$$\left.\begin{aligned} e^{\pm j\omega t} &= \cos\omega t \pm j\sin\omega t \\ \cos\omega t &= \frac{1}{2}(e^{j\omega t} + e^{-j\omega t}) \\ \sin\omega t &= \frac{1}{2j}(e^{j\omega t} - e^{-j\omega t}) \end{aligned}\right\} \tag{2-9}$$

代入式(2-4)得

$$x(t) = a_0 + \sum_{n=1}^{+\infty}\left(\frac{a_n - jb_n}{2}e^{jn\omega_0 t} + \frac{a_n + jb_n}{2}e^{-jn\omega_0 t}\right) \quad (n = 1, 2, 3, \cdots) \tag{2-10a}$$

现令 $a_0 = c_0,\ c_n = \frac{1}{2}(a_n - jb_n),\ c_{-n} = \frac{1}{2}(a_n + jb_n)$

由式(2-6)、式(2-7)很容易推导出

$$a_{-n} = a_n,\ b_n = -b_{-n}$$

则 $c_{-n} = \frac{1}{2}(a_n + jb_n) = \frac{1}{2}(a_{-n} - jb_{-n})$

式(2-10a)可变为

$$x(t) = c_0 + \sum_{n=1}^{\infty}(c_n e^{jn\omega_0 t} + c_{-n}e^{-jn\omega_0 t}) = c_0 + \sum_{n=1}^{\infty}c_n e^{jn\omega_0 t} + \sum_{n=1}^{\infty}c_{-n}e^{-jn\omega_0 t} \tag{2-10b}$$

若将式(2-10b)中的第三项变量 n 前的负号看成是 n 的一部分，它等效于变量 n 从 $-\infty \sim -1$ 的区间内取值，即

$$\sum_{n=1}^{\infty}c_{-n}e^{-jn\omega_0 t} = \sum_{n=-1}^{-\infty}c_n e^{jn\omega_0 t}$$

则式(2-10b)变为

$$x(t)=c_0+\sum_{n=1}^{\infty}c_n e^{jn\omega_0 t}+\sum_{n=-1}^{-\infty}c_n e^{jn\omega_0 t}=\sum_{n=-\infty}^{\infty}c_n e^{jn\omega_0 t}\quad(n=0,\pm1,\pm2,\pm3,\cdots)\tag{2-11}$$

式中

$$c_n=\frac{1}{2}(a_n-jb_n)=\frac{1}{T}\int_{-\frac{T}{2}}^{\frac{T}{2}}x(t)e^{-jn\omega_0 t}dt\tag{2-12}$$

式(2-11)就是傅里叶级数的复指数展开式。

从式(2-12)可以看出,c_n 实际上是一个复数,c_n 具有明确的物理意义,既包含了 $x(t)$ 的幅值信息也包含了相位信息。

2.2.2 非周期信号的频域描述

如前所述,周期信号一般可以分解成一系列正弦分量,它们的频率成简单整数比。反过来,两个或几个频率成简单整数比的正弦信号能够合成一个周期信号。但是,任意频率的两个或多个正弦信号之和不一定是周期信号。只有每一对频率比都是有理数时,两个或几个正弦信号之和才是周期信号,否则就不是周期信号。这种由若干个频率比不是有理数的正弦信号合成的信号称为准周期信号,其幅值谱仍然是离散的,其处理方法与周期信号一样。

除了准周期信号以外的非周期信号都称为瞬变信号。本书讨论的非周期信号就是指瞬变信号。

对于周期信号,我们可以借助傅里叶级数完成从时域到频域的转换。而非周期信号不具有周期性,不能使用傅里叶级数进行频谱分析,因此必须寻找新的数学工具,这就是傅里叶变换。

2.2.2.1 傅里叶变换及非周期信号的频谱

1) 傅里叶变换

设有一个周期信号 $x_T(t)$ 在区间 $\left[-\frac{T}{2},\frac{T}{2}\right]$ 上等于非周期信号 $x(t)$,区间外按周期延拓。当 $T\to\infty$ 时,此周期信号就成为原非周期信号了:

$$\lim_{T\to\infty}x_T(t)=x(t)$$

这时傅里叶级数就变成傅里叶积分。

周期信号的频谱是离散谱,谐波分量仅存在于 $n\omega_0$(n 为整数)点,相邻谐波之间的频率间隔为 $\Delta\omega=\omega_0=\frac{2\pi}{T}$。当 $T\to\infty$ 时,则 $\omega_0=\Delta\omega\to0$,相邻谐波分量无限接近,离散参数 $n\omega_0$ 可用连续变量 ω 来代替,离散频谱变成连续频谱,求和运算可用积分运算来代替。

由傅里叶级数的复指数形式(2-11)得

$$x_T(t)=\sum_{n=-\infty}^{\infty}c_n e^{jn\omega_0 t}=\sum_{n=-\infty}^{\infty}\left[\frac{1}{T}\int_{-\frac{T}{2}}^{\frac{T}{2}}x(t)e^{-jn\omega_0 t}dt\right]e^{jn\omega_0 t}$$

当周期趋于无穷大即 $T\to\infty$ 时,谱线间隔趋于无穷小 $\omega_0=\Delta\omega\to d\omega$,此时离散频率变为连续频率即 $n\omega_0=n\Delta\omega\to\omega$,

$$\frac{1}{T}=\frac{\omega_0}{2\pi}\rightarrow\frac{1}{2\pi}\mathrm{d}\omega$$

求和变为求积分，即

$$\sum_{n=-\infty}^{+\infty}\rightarrow\int_{-\infty}^{+\infty}$$

则

$$x(t)=\int_{-\infty}^{+\infty}\left[\frac{1}{2\pi}\int_{-\infty}^{+\infty}x(t)\mathrm{e}^{-\mathrm{j}\omega t}\,\mathrm{d}t\right]\mathrm{e}^{\mathrm{j}\omega t}\,\mathrm{d}\omega \tag{2-13}$$

令

$$X(\omega)=\frac{1}{2\pi}\int_{-\infty}^{+\infty}x(t)\mathrm{e}^{-\mathrm{j}\omega t}\,\mathrm{d}t \tag{2-14}$$

则

$$x(t)=\int_{-\infty}^{+\infty}X(\omega)\mathrm{e}^{\mathrm{j}\omega t}\,\mathrm{d}\omega \tag{2-15}$$

若用 $2\pi f$ 取代式(2-14)、式(2-15)中的 ω，则有

$$X(f)=\int_{-\infty}^{+\infty}x(t)\mathrm{e}^{-\mathrm{j}2\pi ft}\,\mathrm{d}t \tag{2-16}$$

$$x(t)=\int_{-\infty}^{+\infty}X(f)\mathrm{e}^{\mathrm{j}2\pi ft}\,\mathrm{d}f \tag{2-17}$$

式(2-14)和式(2-16)称为非周期信号 $x(t)$ 的傅里叶正变换，式(2-15)和式(2-17)称为非周期信号 $x(t)$ 的傅里叶反变换，二者组成一个傅里叶变换对。显然

$$X(f)=\lim_{T\to\infty}c_nT=\lim_{f\to 0}\frac{c_n}{f} \tag{2-18}$$

综上所述，非周期信号和周期信号虽然都可用无限个正弦信号之和来表示，但是，周期信号用傅里叶级数来描述，各频率分量的频率取离散值，相邻分量的频率相差一个或几个基频数。非周期信号用傅里叶积分来描述，其频率分量的频率取连续值。非周期信号包含一切频率。

2) 非周期信号的频谱

$X(f)$ 一般为复数，它可以表示成复数的模和辐角的形式，也可以表示成实部和虚部之和的形式，即

$$X(f)=|X(f)|\mathrm{e}^{\mathrm{j}\theta(f)}=\mathrm{R_e}(f)+\mathrm{j}\mathrm{I_m}(f)$$

式中 $X(f)$ 的模为 $\quad |X(f)|=\sqrt{\mathrm{R_e^2}(f)+\mathrm{I_m^2}(f)}$；

$X(f)$ 的相角为 $\quad \theta(f)=\arctan\dfrac{\mathrm{I_m}(f)}{\mathrm{R_e}(f)}$。

我们称 $|X(f)|$ 为 $x(t)$ 的幅值谱密度函数，其图形称为 $x(t)$ 的幅值频谱图；$\theta(f)$ 为 $x(t)$ 的相位谱密度函数，其图形称为 $x(t)$ 的相位频谱图。

非周期信号的频谱有以下特征：

(1) 非周期信号的频谱是连续的。在式(2-17)中,因 $e^{j2\pi ft}=\cos 2\pi ft+j\sin 2\pi f$,这就表明非周期信号也可视为无数个正弦信号之和的形式,但这些正弦信号的频率是分布在无穷区间上(因 f 是连续变量),这些正弦信号的幅值就是式(2-17)中的 $X(f)df$,因此非周期信号的频谱是连续的。

(2) 非周期信号幅值频谱的量纲是单位频率宽度上的幅值。在周期信号傅里叶级数展开式中,函数 $e^{j2n\pi f_0 t}$ 的系数(即幅值)是 $|c_n|$,它具有与原信号幅值相同的量纲。而由于

$$X(f)=\lim_{T\to\infty}c_n T=\lim_{f\to 0}\frac{c_n}{f}$$

所以 $|X(f)|$ 的量纲与信号幅值的量纲不一样,它是单位频宽上的幅值,因而称 $X(f)$ 为原信号 $x(t)$ 的频谱密度函数,它的量纲就是信号的幅值与频率之比。

2.2.2.2　傅里叶变换的性质

熟知傅里叶变换的一些基本性质,对今后分析信号和测量装置特性都很有好处。在介绍有关性质时,假定所讨论的函数满足狄利克雷条件并且是绝对可积的。

表 2-1 列出了傅里叶变换的主要性质,这些性质一般从傅里叶变换的基本公式出发,大多容易证明,也容易理解,此处只就几种本课程学习中常用的主要性质做些证明和解释。

表 2-1　傅里叶变换的主要性质

性质名称	时　域	频　域
奇偶虚实性质	$x(t)$为实偶函数	$X(f)$为实偶函数
	$x(t)$为实奇函数	$X(f)$为虚奇函数
	$x(t)$为虚偶函数	$X(f)$为虚偶函数
	$x(t)$为虚奇函数	$X(f)$为实奇函数
线性叠加性质	$ax(t)+by(t)$	$aX(f)+bY(f)$
对称性质	$X(t)$	$x(-f)$
尺度改变性质	$x(kt)$	$\frac{1}{k}X\left(\frac{f}{k}\right)$
时移性质	$x(t\pm t_0)$	$X(f)e^{\pm j2\pi f t_0}$
频移性质	$x(t)e^{\mp j2\pi f_0 t}$	$X(f\pm f_0)$
微分性质	$\frac{d^n x(t)}{dt^n}$	$(j2\pi n f)^n X(f)$
积分性质	$\int_{-\infty}^{t}x(t)dt$	$\frac{1}{2\pi f}X(f)$
翻转性质	$x(-t)$	$X(-f)$
共轭性质	$x^*(t)$	$X^*(f)$
卷积性质	$x(t)*y(t)$	$X(f)Y(f)$
	$x(t)y(t)$	$X(f)*Y(f)$

1) 线性叠加性

若 $x(t)\leftrightarrow X(f)$, $y(t)\leftrightarrow Y(f)$,则

$$ax(t)+by(t)\leftrightarrow aX(f)+bY(f) \tag{2-19}$$

证明如下：

$$\begin{aligned}F[ax(t)+by(t)] &= \int_{-\infty}^{+\infty}[ax(t)+by(t)]\mathrm{e}^{-\mathrm{j}2\pi ft}\mathrm{d}t \\ &= a\int_{-\infty}^{+\infty}x(t)\mathrm{e}^{-\mathrm{j}2\pi ft}\mathrm{d}t+b\int_{-\infty}^{+\infty}y(t)\mathrm{e}^{-\mathrm{j}2\pi ft}\mathrm{d}t \\ &= aX(f)+bY(f)\end{aligned}$$

线性叠加性质说明相加信号的频谱等于各个单独信号频谱之和，叠加性是线性系统最重要的两个属性之一。

2）尺度改变特性

若 $x(t)\leftrightarrow X(f)$，则

$$x(kt)\leftrightarrow \frac{1}{k}X\left(\frac{f}{k}\right)\quad (k>0) \tag{2-20}$$

证明：当 $k>0$ 时，

$$x(kt)\leftrightarrow\int_{-\infty}^{+\infty}x(kt)\mathrm{e}^{-\mathrm{j}2\pi\frac{f}{k}kt}\mathrm{d}(kt)=\frac{1}{k}X\left(\frac{f}{k}\right)$$

式(2-20)表达了信号的时间函数与频谱函数之间的尺度在展缩方面的内在关系。即时域波形的压缩将对应着频谱图形的扩展，且信号的持续时间与其占有的频带成反比。信号持续时间压缩 k 倍($k>1$)，则其频宽扩展 k 倍，幅值为原来的 $1/k$，反之亦然，如图 2-7 所示。

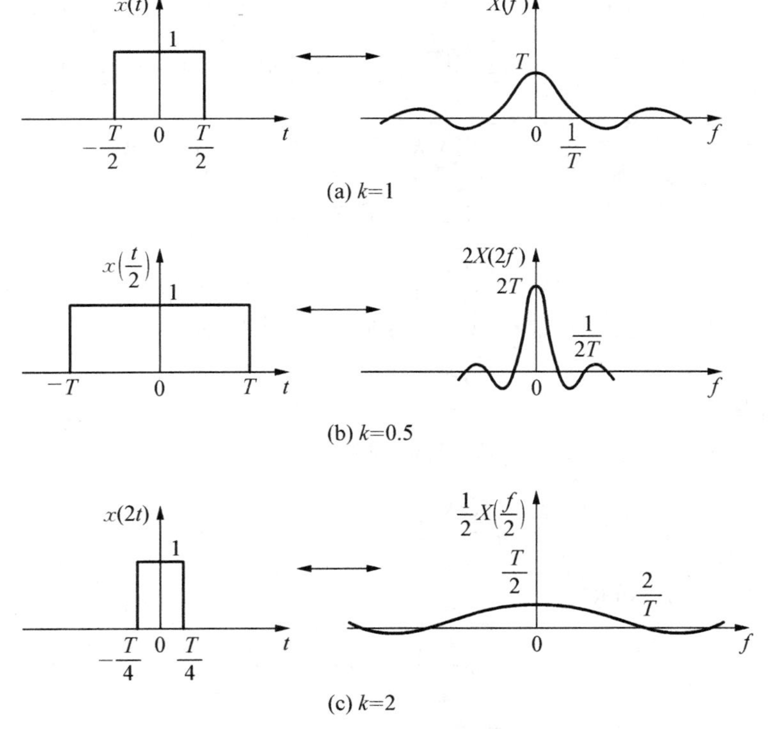

图 2-7　时间尺度改变特性举例

在工程实践中，可以在记录信号时采用“慢录快放”的方法，实现时间尺度的压缩，这样所得到的频带就会加宽，使原先相邻的两个不易分辨的频率成分变得易于分辨。反之，也可采用“快录慢放”的方法，使所得到的信号带宽变窄，对后续处理设备(例如示波器等)的通频带要求降低，从而降低信号的失真率。

3) 卷积特性

卷积的定义：设两个函数 $x_1(t)$ 和 $x_2(t)$，记 $x_1(t)*x_2(t)$ 为 $x_1(t)$ 与 $x_2(t)$ 的卷积，则

$$x_1(t)*x_2(t)=\int_{-\infty}^{+\infty}x_1(\tau)x_2(t-\tau)\mathrm{d}\tau \tag{2-21}$$

卷积是一种数学运算，在系统分析、信号分析中有重要作用，例如在计算机数据采集的数学分析中就须用到卷积特性的概念。但卷积这种积分运算在时域中计算相当复杂，如果利用傅里叶变换到频域中去解决，将会使计算工作大为简化。卷积定理说明在时域内作卷积对应于在频域内作相乘运算。卷积定理如下：

若

$$x_1(t)\leftrightarrow X_1(f),\ x_2(t)\leftrightarrow X_2(f)$$

则

$$x_1(t)*x_2(t)\leftrightarrow X_1(f)X_2(f) \tag{2-22}$$

$$x_1(t)x_2(t)\leftrightarrow X_1(f)*X_2(f) \tag{2-23}$$

证明：仅以时域卷积式(2-21)为例。

$$\begin{aligned}F[x_1(t)*x_2(t)]&=\int_{-\infty}^{+\infty}\left[\int_{-\infty}^{+\infty}x_1(\tau)x_2(t-\tau)\mathrm{d}\tau\right]\mathrm{e}^{-\mathrm{j}2\pi ft}\mathrm{d}t \quad \text{(定义)}\\&=\int_{-\infty}^{+\infty}x_1(\tau)\left[\int_{-\infty}^{+\infty}x_2(t-\tau)\mathrm{e}^{-\mathrm{j}2\pi ft}\mathrm{d}t\right]\mathrm{d}\tau \quad \text{(交换积分顺序)}\\&=\int_{-\infty}^{+\infty}x_1(\tau)[X_2(f)\mathrm{e}^{-\mathrm{j}2\pi f\tau}]\mathrm{d}\tau \quad \text{(时移性质)}\\&=\left[\int_{-\infty}^{+\infty}x_1(\tau)\mathrm{e}^{-\mathrm{j}2\pi f\tau}\right]\mathrm{d}\tau X_2(f)\\&=X_1(f)X_2(f)\end{aligned}$$

卷积定理是傅里叶变换性质中最重要的性质之一，在以后的章节中，会经常利用到卷积定理。

4) 微分和积分特性

若 $x(t)\leftrightarrow X(f)$，则直接将式(2-17)对时间微分，可得

$$\frac{\mathrm{d}^n x(t)}{\mathrm{d}t^n}\leftrightarrow(\mathrm{j}2\pi f)^n X(f) \tag{2-24}$$

又将式(2-16)对 f 微分，可得

$$(-\mathrm{j}2\pi t)^n x(t)\leftrightarrow\frac{\mathrm{d}^n X(f)}{\mathrm{d}f^n} \tag{2-25}$$

同样可证明

$$\int_{-\infty}^{t} x(t)\mathrm{d}t \leftrightarrow \frac{1}{\mathrm{j}2\pi f}X(f) \tag{2-26}$$

在振动测试中，如果测得振动系统的位移、速度或加速度中的任一参数，应用微分、积分特性就可以得到其他参数的频谱。

2.2.2.3 **几种典型信号的频谱**

1）矩形窗函数的频谱

矩形窗函数为

$$w(t)=\begin{cases}1, & |t|<\dfrac{T}{2}\\ 0, & |t|>\dfrac{T}{2}\end{cases} \tag{2-27}$$

其频谱为

$$W(f)=\int_{-\infty}^{\infty} w(t)\mathrm{e}^{-\mathrm{j}2\pi ft}\mathrm{d}t=\int_{-\frac{T}{2}}^{\frac{T}{2}}\mathrm{e}^{-\mathrm{j}2\pi ft}\mathrm{d}t=\frac{-1}{\mathrm{j}2\pi f}(\mathrm{e}^{-\mathrm{j}\pi fT}-\mathrm{e}^{\mathrm{j}\pi fT})$$

由 $\sin(\pi fT)=-\dfrac{1}{2j}(\mathrm{e}^{-j\pi fT}-\mathrm{e}^{j\pi fT})$，代入上式得

$$W(f)=T\frac{\sin(\pi fT)}{\pi fT}=T\mathrm{sinc}(\pi fT) \tag{2-28}$$

式中，T 称为窗宽，通常定义 $\mathrm{sinc}\,\theta=\dfrac{\sin\theta}{\theta}$，该函数称为取样函数，其在信号分析中经常使用。$\mathrm{sinc}\theta$ 函数的曲线如图2-8所示，$\mathrm{sinc}\,\theta$ 函数为偶函数。矩形窗函数及其频谱如图2-9所示。

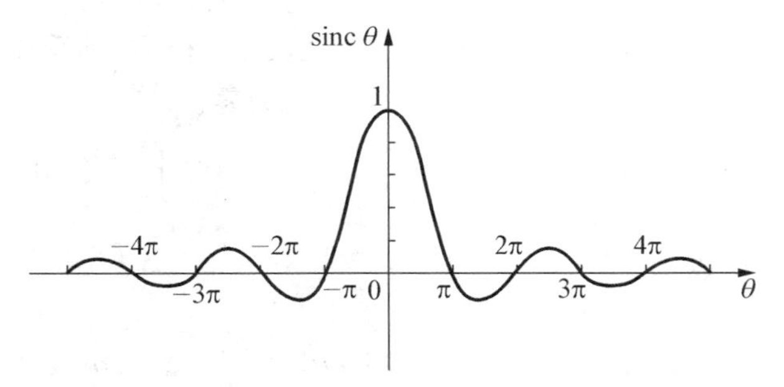

图2-8 sinc θ的图形

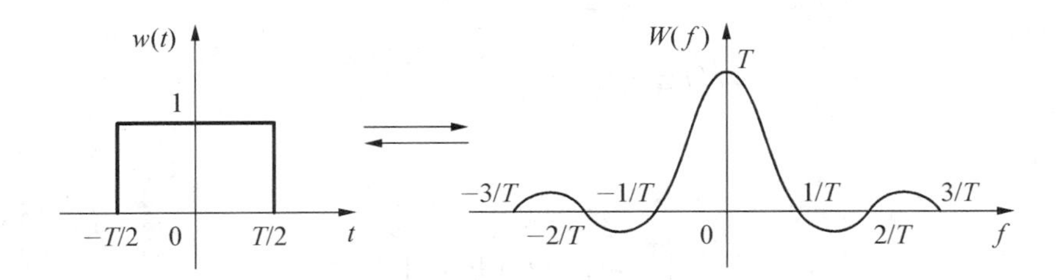

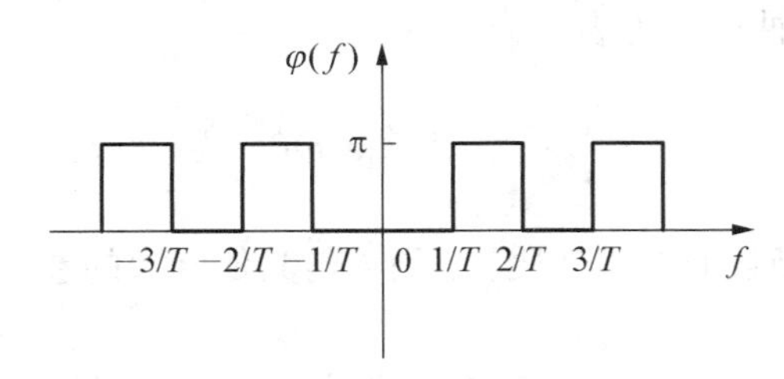

图2-9 矩形窗函数及其频谱

由以上计算结果可以看出，一个在时域有限区间内有值的信号，其频谱却延伸至无限频率。矩形窗函数在信号处理中有着重要的作用，在时域中若截取某信号的一段记录长度，则相当于原信号和矩形窗函数的乘积，因而所得频谱将是原信号频域函数和 sinc θ 函数的卷积，由于 sinc θ 函数的频谱是连续的、频率无限的，因此信号截取后频谱将是连续的、频率无限延伸的。

2）单位脉冲函数及频谱

单位脉冲函数 $\delta(t)$ 可表示为

$$\delta(t)=\begin{cases}\infty, & t=0\\ 0, & t\neq 0\end{cases} \tag{2-29}$$

并且有

$$\int_{-\infty}^{+\infty}\delta(t)\,\mathrm{d}t=1 \tag{2-30}$$

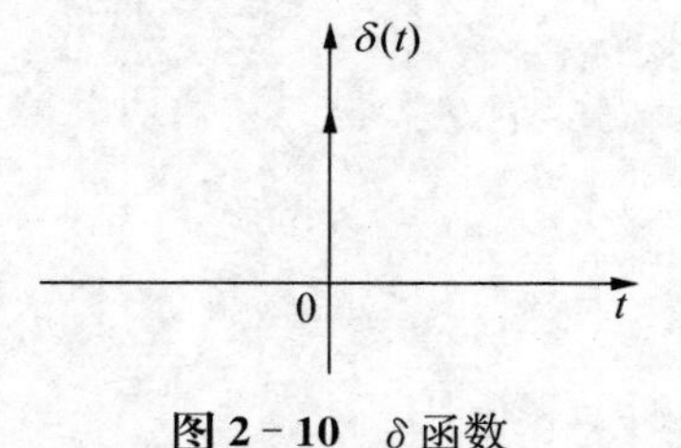

图 2-10　δ 函数

它是一个作用时间极短、幅值极大的瞬变函数，又称 δ 函数，如图 2-10 所示。

（1）δ 函数的抽样性质。这是 δ 函数的一个重要的、极为有用的性质。因为 δ 函数只发生在 $t=0$ 的位置，所以与函数 $x(t)$ 的乘积 $x(t)\cdot\delta(t)=x(0)\cdot\delta(t)$，即如果 δ 函数与一个连续的函数 $x(t)$ 相乘，其乘积仅在 $t=0$ 处有 $x(0)\delta(t)$，其余各点之乘积均为零。

又因为

$$\int_{-\infty}^{+\infty}\delta(t)\,\mathrm{d}t=1$$

所以

$$\int_{-\infty}^{+\infty}x(t)\delta(t)\,\mathrm{d}t=\int_{-\infty}^{+\infty}x(0)\delta(t)\,\mathrm{d}t=x(0)\int_{-\infty}^{+\infty}\delta(t)\,\mathrm{d}t=x(0) \tag{2-31}$$

当 δ 函数有时间延迟 t_0 时，即

$$\delta(t\pm t_0)=\begin{cases}\infty, & t=\pm t_0\\ 0, & t\neq\pm t_0\end{cases}$$

且有

$$\int_{-\infty}^{+\infty}\delta(t\pm t_0)\,\mathrm{d}t=1$$

则 δ 函数的抽样性可表示为

$$\int_{-\infty}^{+\infty}x(t)\delta(t\pm t_0)\,\mathrm{d}t=x(t)\Big|_{t=\pm t_0} \tag{2-32}$$

（2）δ 函数的卷积性质。δ 函数与其他函数的卷积是最简单的卷积积分，即

$$x(t)*\delta(t)=\int_{-\infty}^{+\infty}x(\tau)\delta(t-\tau)\,\mathrm{d}\tau=x(t) \tag{2-33}$$

同理有

$$x(t) * \delta(t \pm t_0) = \int_{-\infty}^{+\infty} x(\tau)\delta(t \pm t_0 - \tau)\mathrm{d}\tau = x(t \pm t_0) \tag{2-34}$$

由上两式可知：函数 $x(t)$ 与 $\delta(t)$ 卷积的结果相当于把函数 $x(t)$ 平移到脉冲函数发生的坐标位置，如图 2-11 所示。

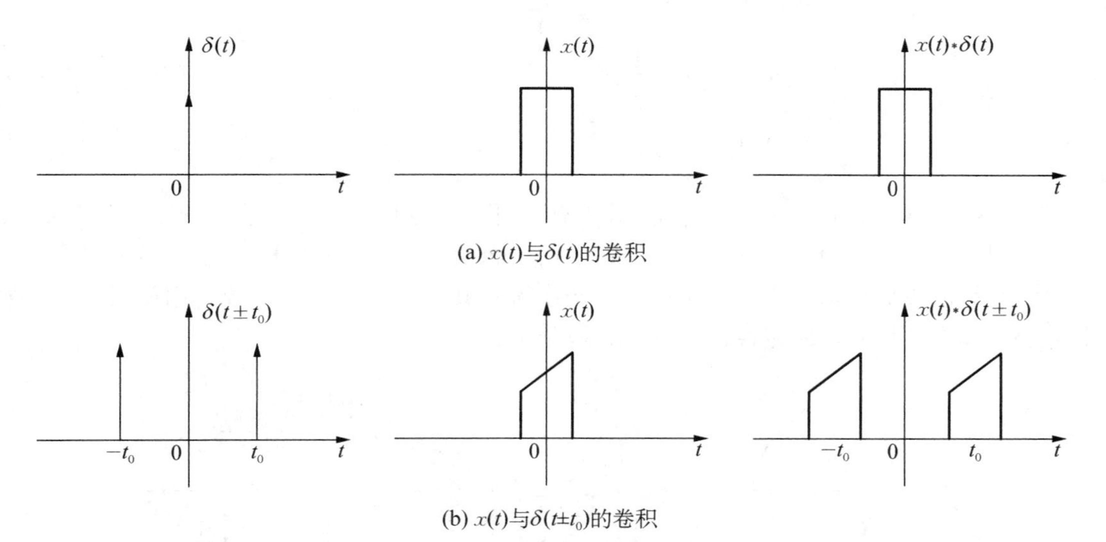

图 2-11　δ 函数与其他函数的卷积

（3）δ 函数的频谱。根据傅里叶变换，δ 函数的频谱为

$$\Delta(f) = \int_{-\infty}^{+\infty} \delta(t)\mathrm{e}^{-j2\pi f t}\mathrm{d}t = \mathrm{e}^{-j2\pi f t}\Big|_{t=0} = 1 \tag{2-35}$$

上述结果表明，时域内一个作用时间极短、幅值为无穷大的脉冲信号，在频域中却包含了从 0 到 $+\infty$ 的等强度频率成分。具有这种频率特征的信号常称作白噪声。δ 函数的频谱如图 2-12 所示。

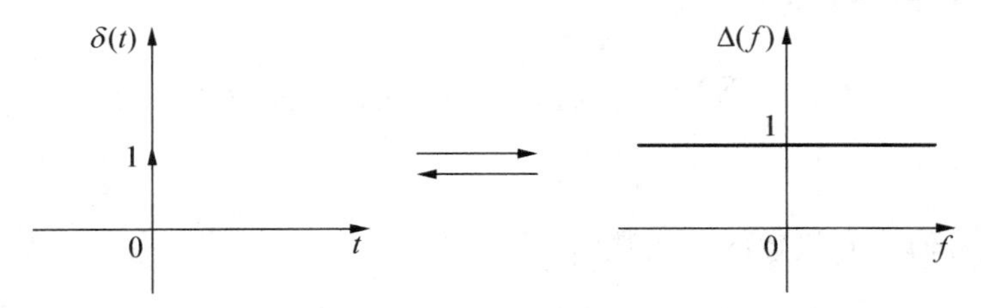

图 2-12　δ 函数的频谱

3）正、余弦函数的频谱

若正、余弦函数表示为

$$x_1(t) = \sin(2\pi f_0 t) \quad x_2 = \cos(2\pi f_0 t)$$

由欧拉公式得

$$x_1(t)=\sin(2\pi f_0 t)=\mathrm{j}\,\frac{1}{2}(\mathrm{e}^{-\mathrm{j}2\pi f_0 t}-\mathrm{e}^{\mathrm{j}2\pi f_0 t})$$

$$x_2(t)=\cos(2\pi f_0 t)=\frac{1}{2}(\mathrm{e}^{-\mathrm{j}2\pi f_0 t}+\mathrm{e}^{\mathrm{j}2\pi f_0 t})$$

由于

$$\mathrm{e}^{\pm\mathrm{j}2\pi f_0 t}\leftrightarrow\delta(f\mp f_0)$$

可以写出正、余弦函数的频谱函数：

$$X_1(f)=\mathrm{j}\,\frac{1}{2}[\delta(f+f_0)-\delta(f-f_0)] \tag{2-36}$$

$$X_2(f)=\frac{1}{2}[\delta(f+f_0)+\delta(f-f_0)] \tag{2-37}$$

对应的频谱图如图 2-13 所示。利用 δ 函数，我们得到了正、余弦信号的傅里叶变换，由于周期信号用傅里叶级数可以分解成一系列正、余弦信号的叠加，而正、余弦信号又可由傅里叶变换表示，所以周期信号也可以用傅里叶变换得到其频谱。因此可以统一用傅里叶变换对周期信号、非周期信号即确定性信号进行频域分析。

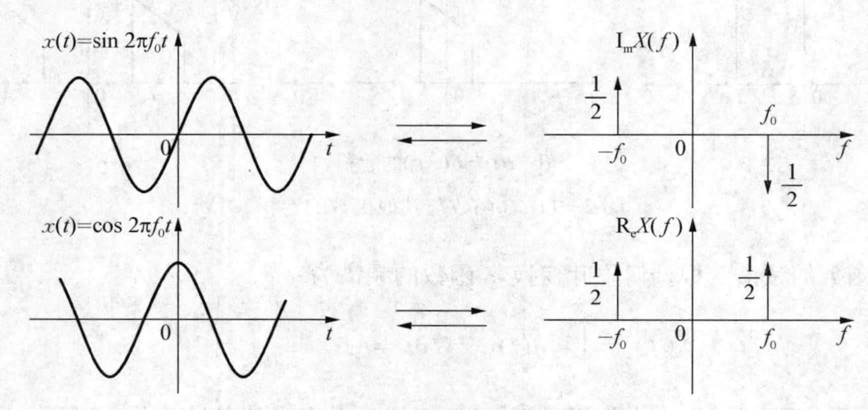

图 2-13 正、余弦函数及其频谱

4）周期单位脉冲序列的频谱

设周期单位脉冲序列为

$$g(t)=\sum_{n=-\infty}^{+\infty}\delta(t-nT)\quad(n=0,\pm1,\pm2,\cdots) \tag{2-38}$$

式中，T 为周期。

根据周期信号傅里叶级数的复指数形式，有

$$g(t)=\sum_{n=-\infty}^{+\infty}c_n\mathrm{e}^{\mathrm{j}2\pi nf_0 t}\left[f_0=\frac{1}{T}\right] \tag{2-39}$$

式中，$c_n=\frac{1}{T}\int_{-\frac{T}{2}}^{\frac{T}{2}}g(t)\mathrm{e}^{-\mathrm{j}2\pi nf_0 t}\mathrm{d}t$。

因为在$(-T/2,\ T/2)$区间内，式(2-38)只有一个 δ 函数 $\delta(t)$，而当 $t=0$ 时，$\mathrm{e}^{-\mathrm{j}2\pi nf_0 t}=\mathrm{e}^0=1$，所以

$$c_n = \frac{1}{T}$$

因而式(2-39)可以写成

$$g(t) = \frac{1}{T}\sum_{n=-\infty}^{+\infty} e^{j2\pi n f_0 t}$$

对此式进行傅里叶变换,得到频谱为

$$G(t) = F\left(\frac{1}{T}\sum_{n=-\infty}^{+\infty} e^{j2\pi n f_0 t}\right) = \frac{1}{T}\sum_{n=-\infty}^{+\infty}\delta(f - nf_0) = \frac{1}{T}\sum_{n=-\infty}^{+\infty}\delta\left(f - \frac{n}{T}\right) \tag{2-40}$$

可以看出,周期单位脉冲序列的频谱依然是一个周期脉冲序列,只是周期为 $1/T$,脉冲强度为 $1/T$,如图 2-14 所示。

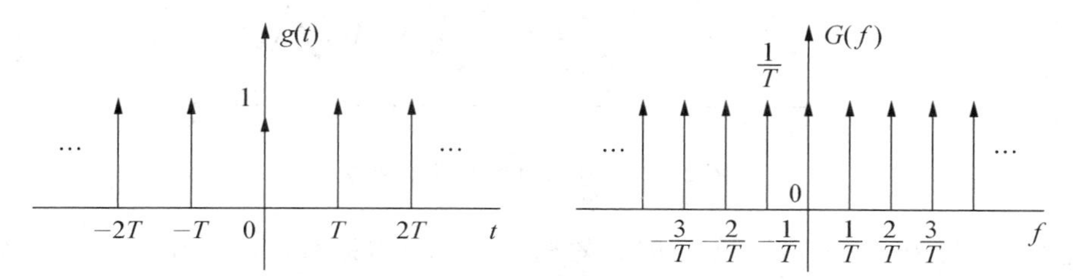

图 2-14　周期单位脉冲序列及其频谱

2.3　随机测量信号及其描述

2.3.1　概述

随机信号在客观世界中普遍存在,在测试中大量出现,例如,在道路上行驶的车辆所受的振动、机械传动中的随机因素所产生的信号等。作为时间的函数,随机信号不可能用确定的数学关系式来描述,不可能预测它在未来任何瞬时的精确值。对这种信号的每一次观测的结果都不一样,也只是许多可能产生的结果中的一种。对这种不确定的现象只能采用统计方法来分析。

在工程实际中,随机信号随处可见,如气温的变化、机器振动的变化等。即使同一机床、同一工人加工相同零部件,其尺寸也不尽相同。图 2-15 是汽车在水平柏油路上行驶时,车架主梁上一点的应变时间历程,可以看到,在工况(车速、路面、驾驶条件等)完全相同的情况下,各时间历程的样本记录不同,这种信号就是随机信号。

产生随机信号的物理现象称为随机现象。表示随机信号的单个时间历程 $x_i(t)$ 称为样本函数,随机现象可能产生的全部样本函数的集合称为随机过程。

随机过程可分为平稳过程和非平稳过程。平稳过程又分为各态历经过程和非各态历经过程。

随机过程在任何时刻 t_i 的各统计特性采用集合平均方法来描述。所谓集合平均,就是对全部样本函数在某时刻之值 $x_i(t)$ 求平均。例如,图 2-15 中时刻 t_1 的均值为

$$\mu_x(t_1) = \lim_{N\to\infty}\frac{1}{N}\sum_{k=1}^{N} x_k(t_1)$$

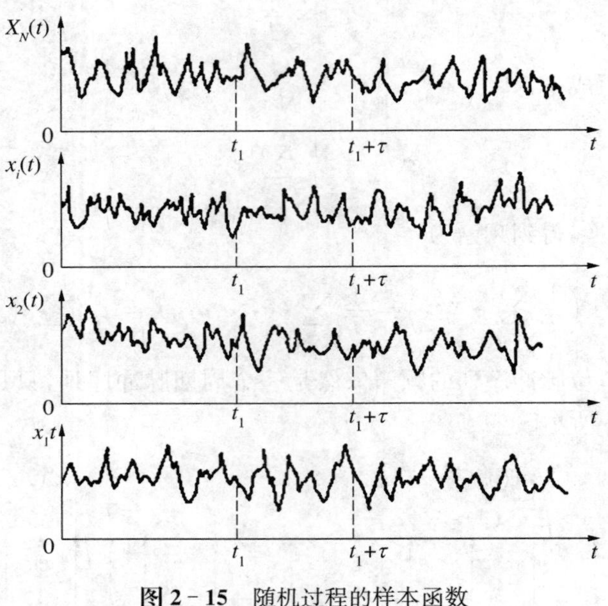

图 2-15 随机过程的样本函数

随机过程在 t_1 和 $t_1+\tau$ 两个不同时刻的相关性可用相关函数表示为

$$R_x(t_1,\ t_1+\tau)=\lim_{N\to\infty}\frac{1}{N}\sum_{k=1}^{N}x_k(t_1)x_k(t_1+\tau)$$

一般情况下，$\mu_x(t_1)$和 $R_x(t_1,\ t_1+\tau)$都随 t_1 改变而变化，这种随机过程为非平稳过程。若随机过程的统计特征不随时间变化，则称为平稳随机过程。若平稳随机过程的每个时间历程的平均统计特征均相同，且等于总体统计特征，则该过程称为各态历经随机过程。图 2-15 中第 i 个样本的时间平均为

$$\mu_{xi}=\lim_{T\to\infty}\frac{1}{T}\int_0^T x_i(t)\mathrm{d}t=\mu_x$$

$$R_{xi}(\tau)=\lim_{T\to\infty}\frac{1}{T}\int_0^T x_i(t)x_i(t+\tau)\mathrm{d}t=R_x(\tau)$$

显然，引入各态历经随机过程的概念后，会大大简化随机过程描述中的问题，也为在实际工作中处理随机信号提供了可能。其理由如下：第一，在各态历经随机过程中，任意样本函数均包括了该随机过程的全部特征。故可通过对某个单个样本函数的分析得到该随机过程的全部特征信息，以单个样本函数的时间平均统计特征值代替集合平均统计特征值，从而减少了观测次数。第二，在各态历经随机过程中，也满足了时间平均统计特征参数不随时间变化的条件，故可在某随机过程的单个样本函数中取一样本记录，用该样本记录的时间平均统计特征来描述整个随机过程。因此，在实际工作中减少对某随机过程的观测时间后，也可以获得该随机过程的特征信息。

在工程中所遇到的多数随机信号具有各态历经性，有的虽然不算严格的各态历经过程，但亦可当作各态历经随机过程来处理。从理论上说，求随机过程的统计参量需要无限多个样本，这是难以办到的。实际测试工作常把随机信号按各态历经过程来处理，以测得的有限个函数的时间平均值来估计整个随机过程的集合平均值。

2.3.2　各态历经过程的数字特征参数

通常用于描述各态历经随机信号的主要统计参数有均值、方差、均方值、概率密度函数、相关函数、功率谱密度函数等。

1）均值、均方值、均方根值和方差

各态历经随机信号 $x(t)$的平均值 μ_x 反映信号的静态分量，即常值分量。其定义式为

$$\mu_x = \lim_{T\to\infty}\frac{1}{T}\int_0^T x(t)\mathrm{d}t$$

式中，T 为样本长度，观测时间。

各态历经信号的均方值 ψ_x^2 反映信号的平均功率，表示为

$$\psi_x^2 = \lim_{T\to\infty}\frac{1}{T}\int_0^T x^2(t)\mathrm{d}t$$

均方根值即有效值，为 ψ_x^2 正的平方根，即

$$x_{\mathrm{rms}} = \sqrt{\psi_x^2}$$

方差 σ_x^2 描述随机信号的动态分量，反映 $x(t)$偏离均值的波动情况，表示为

$$\sigma_x^2 = \lim_{T\to\infty}\frac{1}{T}\int_0^T [x(t)-\mu_x]^2\mathrm{d}t = \psi_x^2 - \mu_x^2$$

标准差 σ_x 为方差的正的平方根，即 $\sigma_x = \sqrt{\sigma_x^2}$。

2）概率密度函数

随机过程的概率密度表示瞬时值落在某指定范围内的概率。它随所取范围的幅值而变化，因此是幅值的函数。图 2－16 所示为一随机信号 $x(t)$的时间历程，幅值落在（x，$x+\Delta x$）区间的总时间为 $T_x = \sum_{i=1}^{k}\Delta t_i$，当观测时间 T 趋于无穷大时，比值 T_x/T 就是事件$[x < x(t) \leqslant x+\Delta x]$ 的概率，记为

$$P[x < x(t) \leqslant x+\Delta x] = \lim_{T\to\infty}(T_x/T)$$

概率密度函数定义为

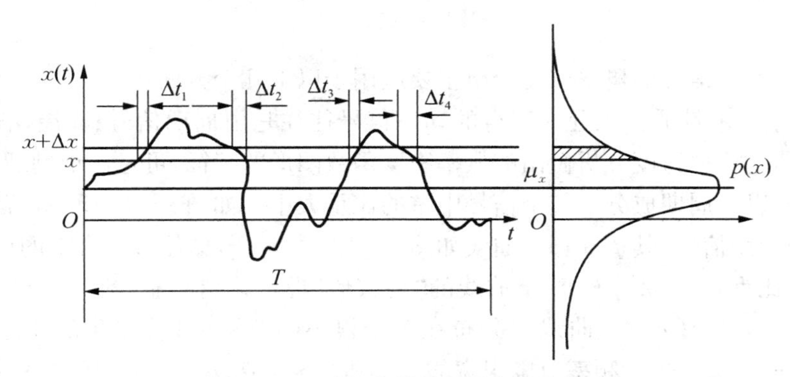

图 2－16　随机信号的概率密度函数

$$p(x)=\lim_{\Delta x\to 0}\frac{P[x<x(t)\leqslant x+\Delta x]}{\Delta x}=\lim_{\Delta x\to 0}\frac{1}{\Delta x}[\lim_{T\to\infty}(T_x/T)] \tag{2-41}$$

由式(2-41)可以看出,概率密度函数是概率相对于振幅的变化率。因此,可以通过对概率密度函数积分而得到概率分布函数。

式(2-41)表明概率密度函数是概率分布函数的导数。概率密度函数 $p(x)$ 恒为非负实函数,它给出了随机信号沿幅值域分布的统计规律。不同的随机信号有不同的概率密度函数图形,可以借此判别信号的性质。

对于各态历经过程,可以根据观测样本估计其概率密度。若 $\{x_i;\ i=1,\ 2,\ \cdots,\ N\}$ 为观测样本序列,其时域图形如图 2-17 所示,按图示方法做平行于时间轴的等距平行线,间距为 Δx。统计落入区间 $(x_i,\ x_i+\Delta x)$ 中的数据点数,并记为 N_i,则有

$$p\{x\in(x_i,\ x_i+\Delta x)\}=\lim_{N\to\infty}\frac{N_i}{N}$$

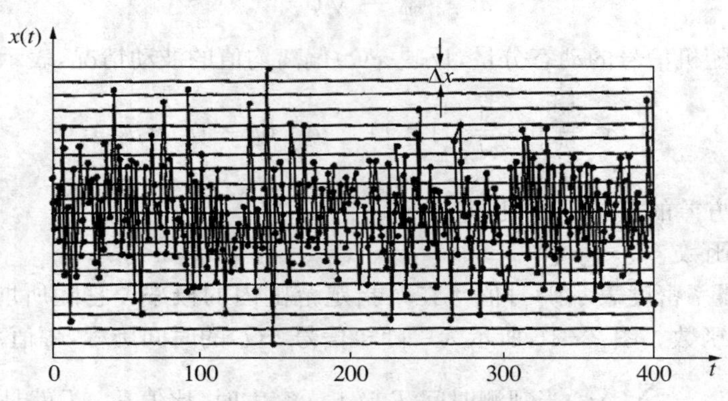

图 2-17 随机序列概率密度函数的近似估计方法

当 $\Delta x\to 0$ 时,由式(2-41)可得到概率密度的估计。实际应用中,由于观测样本长度总是有限的,因此,在对序列的取值区间进行平行线分割时,不能使 $\Delta x\to 0$,此时常采用经验公式确定区间的数目,即

$$K=1.87(N-1)^{0.4} \tag{2-42}$$

在工程实际中,信号的概率密度分析主要应用于以下几个方面:

(1) 判别信号的性质。工程中测得的动态信号往往是由周期信号、非周期信号和随机信号混合而成,通过概率密度分析做出的概率密度函数图形的特征,可定性地判断原信号中是否含有周期成分,以及周期成分在整个信号中占的比重大小。如图 2-18 所示,若该信号是初相位随机变化的周期信号,其 $p(x)$- x 曲线如图 2-18a 所示;若原信号中含有的周期成分越多,周期成分占的比重越大,则 $p(x)$- x 曲线的“马鞍形”现象就越明显(图 2-18b);若原信号是一窄带随机信号,则 $p(x)$- x 曲线只分布在一个很小的范围内,且在此范围之外全为零(图 2-18c);若原信号是一包含频率范围很宽的纯随机信号,则 $p(x)$- x 曲线是标准的正态分布曲线(图 2-18d)。

(2) 概率密度函数的计算与实验数据可作为产品设计的依据,也可以用于机械零部件疲

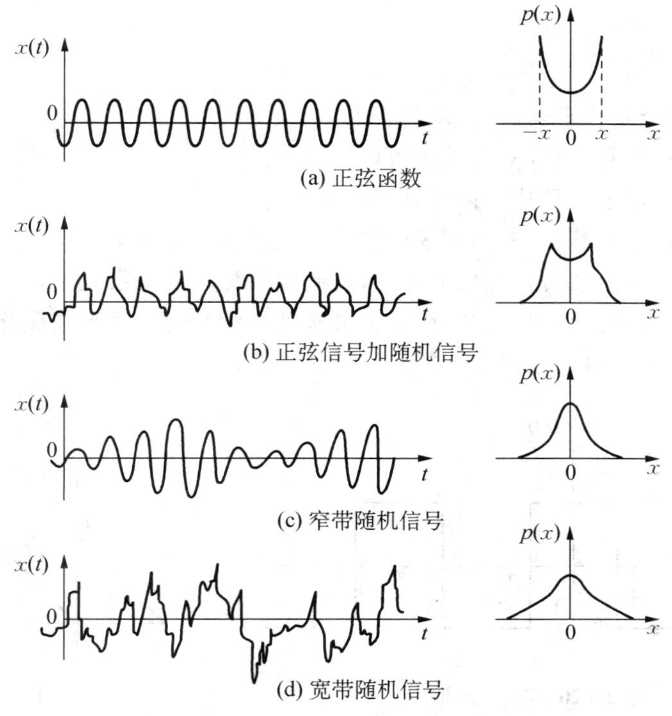

图2-18　四种随机信号及其概率密度函数图形

劳寿命的估计和疲劳实验。

(3) 概率密度函数可用于机器的故障诊断。其基本做法是将机器正常与不正常两种状态的 $p(x)-x$ 曲线进行比较，判断它的运行状态。图2-19所示为某车床主轴箱新旧两种状态的噪声声压的概率密度函数。显然，该主轴箱在全新状态下运行正常，产生的噪声是由大量的、无规则的、量值较小的随机冲击引起的，因而其声压幅值的概率密度分布比较集中(图2-19a)，冲击能量的方差较小。当主轴箱使用较长时间而出现运转不正常时，在随机噪声中出现了有规律的、周期性的冲击，其量值也比随机冲击大得多，因而使噪声声压幅值的概率密度曲线的形状改变，方差值增大，声压幅值分散度增大(图2-19b)。

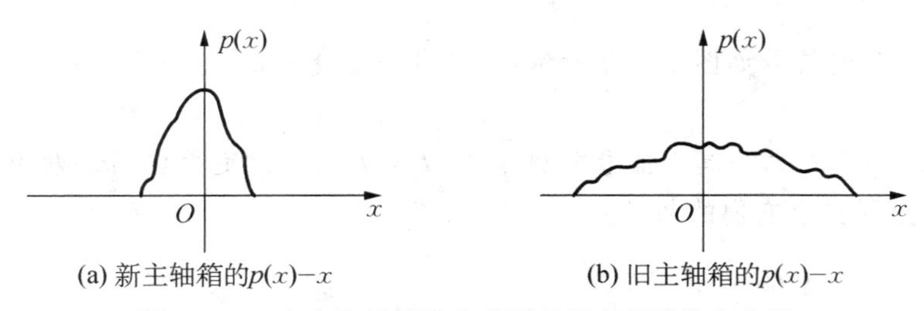

图2-19　车床主轴箱噪声声压的概率密度分布曲线

总之，随机信号分析与处理技术是机械工程测试技术的重要工具，本章主要介绍了随机信号的有关基础知识，第三章将介绍机械工程领域常用的随机信号分析与处理技术。

思考与练习

1. 判断下列概念是否正确,并简述其理由:

(1) 有限个周期信号之和,必形成新的周期信号。

(2) 周期信号不能用傅里叶变换完成其频域描述。

(3) 信号在时域上平移后,其幅值频谱和相位频谱都会发生变化。

(4) 一个在时域有限区间内有值的信号,其频谱可延伸至无限频率。

2. 对称方波的波形图如图 2-20 所示。求傅里叶级数的三角形式展开,并画出频谱图。

3. 求图 2-21 所示锯齿波信号的傅里叶级数展开。

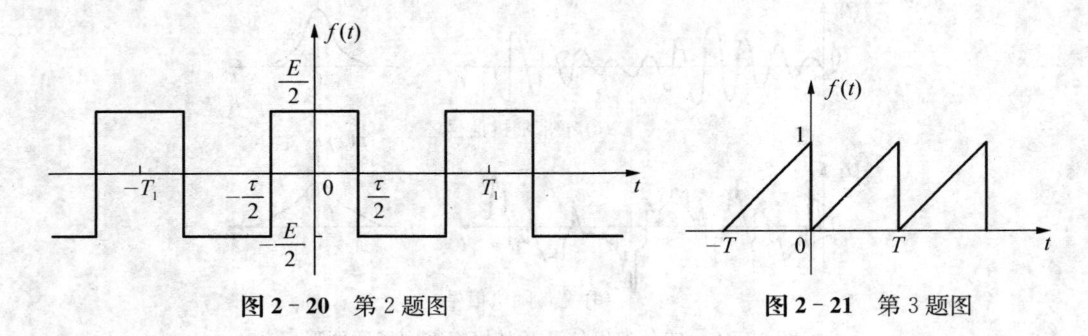

图 2-20 第 2 题图　　**图 2-21** 第 3 题图

4. 交流电 $E(t)=E_0\sin\omega_0 t$ 经半波整流后所得波形如图 2-22 所示,求信号的傅里叶级数三角形式展开。

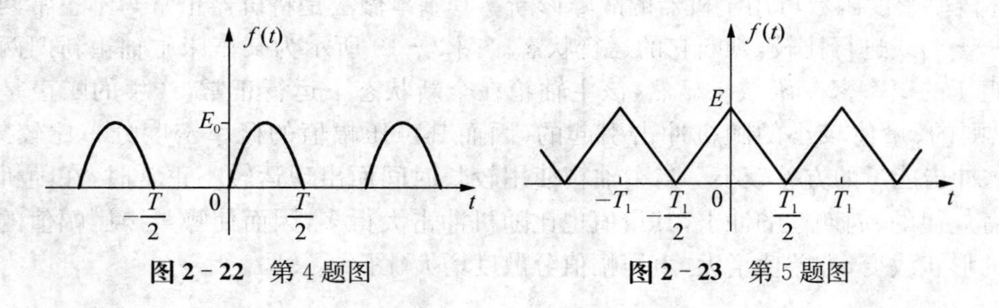

图 2-22 第 4 题图　　**图 2-23** 第 5 题图

5. 周期性三角波信号如图 2-23 所示,求信号的直流分量、基波有效值、信号有效值及信号的平均功率。

6. 图 2-24 所示的两个周期信号分别为 $f_1(t)$, $f_2(t)$,试定性说明这两个信号的频谱所存在的差别,并分别画出它们的频谱图。

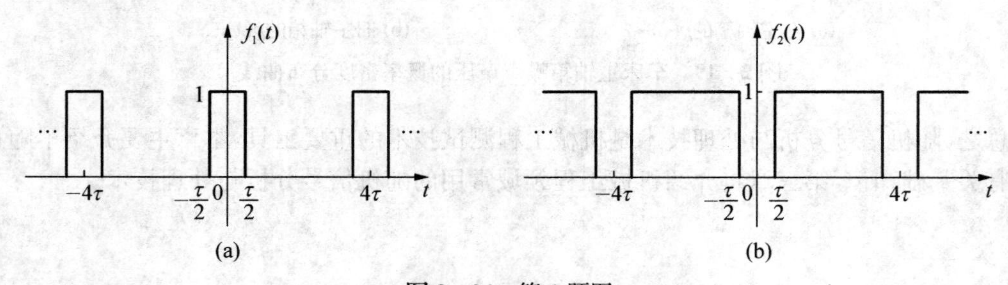

图 2-24 第 6 题图

7. 周期矩形脉冲信号 $f(t)$ 的波形如图 2-25 所示，并且已知 $\tau = 0.5\ \mu s$，$T = 1\ \mu s$，$A = 1\ V$，求该信号频谱中的谱线间隔 Δf 及信号带宽。

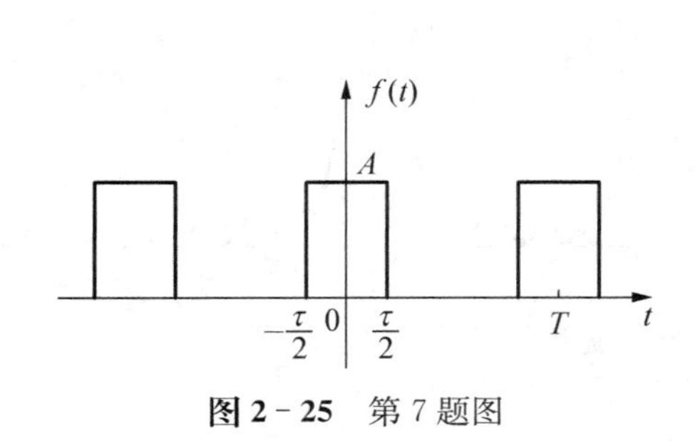

图 2-25　第 7 题图

x(t)
e^{-at}(a>0, t≥0)
O
t

图 2-26　第 8 题图

8. 求指数衰减振荡信号 $f(t) = (e^{-at}\sin\omega_0 t)u(t)$ 如图 2-26 所示的频谱。

9. 已知 $F(\omega) = \delta(\omega - \omega_0)$，试求 $f(t)$。

10. 已知 $f(t)$ 的傅里叶变换为 $F(\omega)$，利用傅里叶变换的性质求 $f(6-2t)$ 的傅里叶变换表达式。

11. 求图 2-27 中被窗函数截断的余弦函数的频谱。

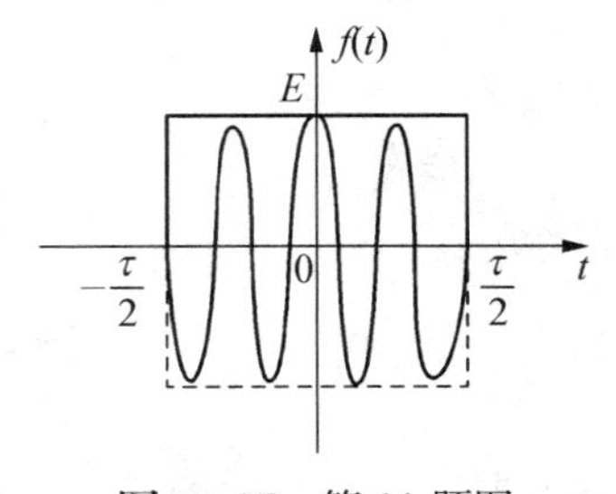

图 2-27　第 11 题图

12. 已知 $f(t) = \cos\left(4t + \frac{\pi}{3}\right)$，试求其频谱 $F(\omega)$。

13. 一时间函数 $f(t)$ 及其频谱函数 $F(\omega)$ 如图 2-28 所示，已知函数 $x(t) = f(t)\cos\omega_0 t$（设 $\omega_0 \gg \omega_m$），示意画出 $x(t)$ 和 $X(\omega)$ 的函数图形。当 $\omega_0 < \omega_m$ 时，$X(\omega)$ 的图形会出现什么情况？（注：ω_m 为 $f(t)$ 中的最高频率分量的角频率）

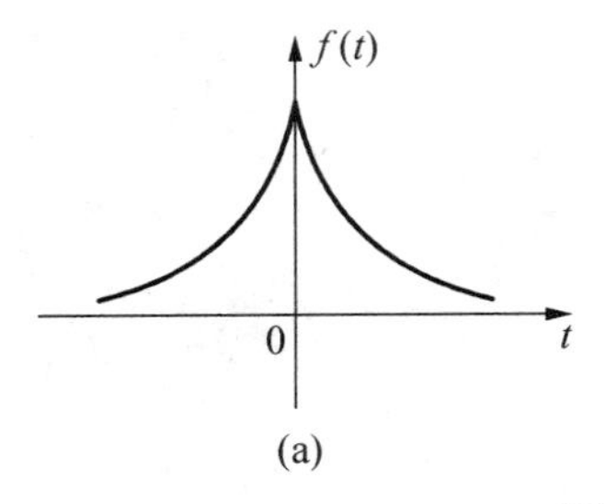

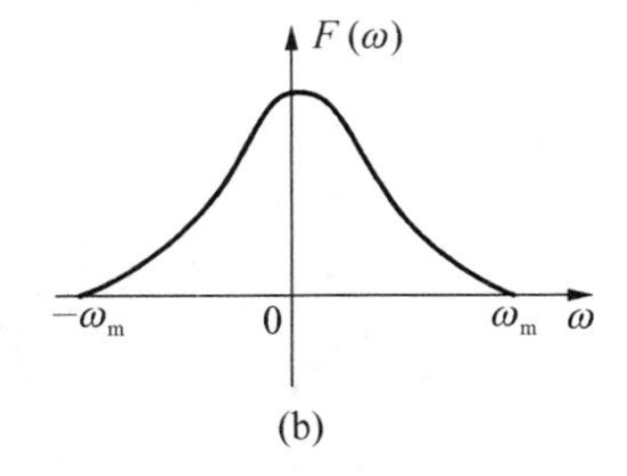

图 2-28　第 13 题图

14. 图 2-29 所示为信号 $a(t)$ 及其频谱 $A(f)$。试求函数 $f(t)=a(t)(1+\cos 2\pi f_0 t)$ 的傅里叶变换 $F(f)$ 并画出其图形。

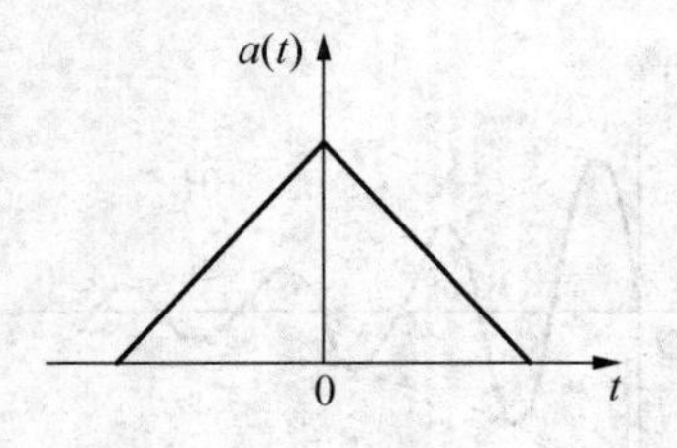

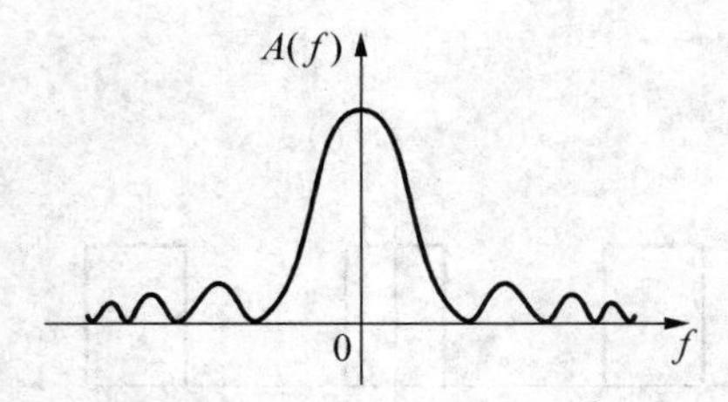

图 2-29 第 14 题图

15. 求图 2-30 所示三角波调幅信号的频谱。

16. 求图 2-31 所示三角波调幅信号的频谱。

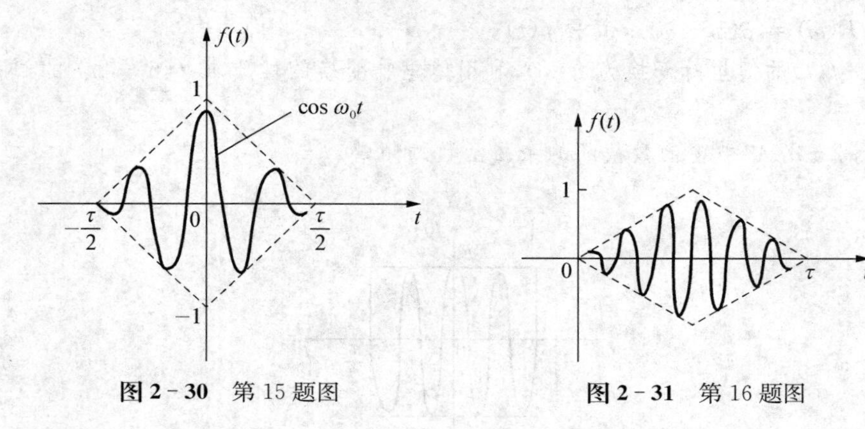

图 2-30 第 15 题图 **图 2-31** 第 16 题图

17. 求正弦信号 $x(t)=x_0\sin\omega t$ 的绝对均值和均方根值。

第 3 章

随机测量信号分析与处理

◎ **学习成果达成要求**

实际工程中多数测试信号为随机信号，因此随机信号处理与分析是测试技术的重要内容，对获取所需的有用信息起着重要的作用。

学生应达成的能力要求包括：

能够利用随机信号常用的数据处理方法，主要包括相关分析与功率谱分析方法，开展测量信号的分析与处理。

在机械工程动态测试中，测量信号基本上属于随机信号，例如机床主轴的振动、切削刀具的振动等。因此，随机信号分析与处理是机械工程测试技术的重要组成部分。本章主要论述常用的随机测量信号分析与处理技术。

3.1 离散随机信号处理概述

随机信号(序列)有以下特点：

(1) 随机信号(序列)中任何一个点上的取值都是不能先验确定的随机变量。一个随机信号是一个随机过程，在它的每个时间点上的取值都是随机的，可用一个随机变量表示。或者说，一个随机过程是由一个随机试验所产生的随机变量依时序组合而得到的序列。我们用 $\{x(n)\}$ 表示一个随机序列，而用 $x(n)$ 表示时间为 n 的点上的一个随机变量。显然，任何一个具体试验所得到的序列都只能是随机序列的一个样本序列(或一个实现)。

(2) 随机序列可以用它的统计平均特性来表征。虽然由随机试验所得到的随机序列在任何 n 值点上的取值都是不能先验确定的，但是，这种先验不确定的过程中却含有确定的统计规律，即随机序列在各时间点上的随机变量取值是服从某种确定的概率分布的。因此，一个随机序列中的每一个随机变量都可以用确定的概率分布特性来统计地描述，或者可以通过统计平均特性来统计地表征。因为统计平均特性反映了随机变量的概率分布特性，一个随机变量的各种统计平均特性是这个随机变量的各种函数按概率加权求平均的运算结果。

一个随机序列在每个时刻 n 处的取值都是随机变量，但这个随机序列并不是把各种随机试验产生的随机变量任意地放在一起随意编序排列而成的。我们所遇到的随机序列常常是在一个做随机运动的系统中某一端口上所观测到的采样数据依照时序排列构成的时间序列，它在各时间点上的取值之间，往往前后相互影响。这种相互影响是由系统的各种惯性所决定的。

相互影响的统计特性可由描述此序列各时间点取值的多维概率特性来表征。因此,对于一个随机序列,不仅需要知道它在各个 n 值点上的取值特性,还需要知道它在各个不同点间取值的相互关联性(波及性)。这就不仅需要用它的一维而且需要用它的多维统计平均特性来表征。

(3) 平稳随机信号的能量化表示。随机信号各频率的能量称为功率谱密度(简称功率谱)。一个平稳的随机信号的功率谱是确定的,因此,功率谱可以统计表征一个随机过程的谱特性。我们知道,一个信号的功率谱是这个信号的自相关函数的傅里叶变换。功率谱和自相关函数是一个傅里叶变换对,它们相互唯一地确定,它们都是信号的一种(二维)统计平均表征,分别从不同域的侧面表征着一个随机过程的最本质的性质。因此,对于一个观测到的随机信号,重要的是确定它的功率谱密度函数和自相关函数。

综上所述,对于离散随机信号的概念和表征问题,主要有以下两点:

(1) 一个随机信号在各时间点上的取值以及在不同点上取值之间的相互关联性只能用概率特性或统计平均特性来表征,它的确定值是无法先验表达的。

(2) 一个平稳的随机信号在各频率点上能量的取值可以用功率谱密度函数与自相关函数统计描述。

3.2 随机时域信号的分析与处理

如上所述,对于一个随机信号,虽然我们不能确知它在每个时刻的取值情况,但可以从统计平均的观点来认识和分析它,即可以知道它在每个时刻可能的取值情况的概率规律性,以及在各时间点上取值的关联性。因此,如果已完整知道了它的概率分布(包括一维和多维概率分布),我们就认为对这个随机信号在统计意义上已充分了解或已做了明白描述。因此,对于随机信号,我们需要了解和研究它的一维概率分布和二维概率分布等有限维概率分布。

3.2.1 离散时间随机过程的概率分布

离散时间随机过程 $\{x(n),\ n\in\mathbf{Z}\}$ 是随 n 而变化的随机序列,因为随机变量是用概率分布来描述的,故随机序列 $\{x(n),\ n\in\mathbf{Z}\}$ 也可用其概率分布来描述。一个随机变量 $x(n)$ 的一维概率分布函数为

$$P_x(x,\ n)=P[x(n)\leqslant x]\quad(-\infty<x<+\infty)\tag{3-1}$$

如果 $x(n)$ 是连续型随机变量,且 $P_x(x,\ n)$ 关于 x 可导,则其概率分布可用概率密度函数 $p_x(x,\ n)$ 表示,并且在 $p_x(x,\ n)$ 的连续点处,有

$$p_x(x,\ n)=\frac{\mathrm{d}P_x(x,\ n)}{\mathrm{d}x}\quad(-\infty<x<+\infty)\tag{3-2}$$

如果 $x(n)$ 的取值是离散的,设 $x(n)$ 的所有可能的取值为 $a_1,\ a_2,\ \cdots$,则可用分布律 $p_x(a_i,\ n)$ 表示为

$$p_x(a_i,\ n)=P[x(n)=a_i]\quad(i=1,\ 2,\ \cdots)\tag{3-3}$$

此时的 $p_x(a_i,\ n)$ 代表 $x(n)$ 取某一值 a_i 时的概率。对于一个随机变量,已知它的概率分布,就可认为在统计意义下充分了解或已明白描述了该随机变量。

如果要描述一个随机过程中的两个时间点(n_1 与 n_2)上的随机变量 $x(n_1)$ 和 $x(n_2)$ 之间的关系,那么可以用二维联合概率分布函数来描述,这时

$$P_x(x_1, n_1; x_2, n_2) = P[x(n_1) \leqslant x_1, x(n_2) \leqslant x_2] \tag{3-4}$$

它表示 $x(n_1) \leqslant x_1$，同时 $x(n_2) \leqslant x_2$ 的联合概率。

同样，可求出两个随机变量构成的二维连续型随机变量的二维联合概率密度 $p_x(x_1, n_1; x_2, n_2)$，以及二维离散型随机变量的二维联合分布律 $p_x(a_i, n_1; b_j, n_2)$。对于多维联合概率密度以及多维联合分布律具体的计算方法，可参考有关教科书，这里重点论述其物理意义。

平稳随机序列的二维概率特性只与两点间的时间差 $m = n_2 - n_1$ 有关，与时间的起始点无关；任何在时间轴上相隔相同距离 m 的两点的两个随机变量的二维联合概率密度均相同。例如，在图 3-1 中 a、b 两点间的联合概率密度与 c、d 两点以及 e、f 两点间的联合概率密度均相同。于是，对于平稳随机序列，只需用二维概率密度 $p(x_1, x_2, m)$ 即能在统计意义上做充分描述。

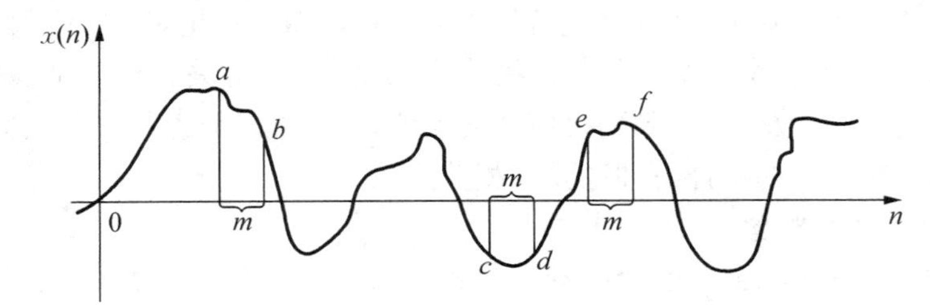

图 3-1　平稳随机过程的二维概率特性只与两点之间的时间差 m 有关

必须指出，对于两个随机过程，即使所有时间点上的一维概率特性相同，如果它们在不同时间点上取值之间的相关性(波及性)不同，它们的样本体现形式也会不同。图 3-2 列出了一对例子。图 3-2 中的(a)与(b)分别表示两个随机过程的样本。即使在所有时间点上它们的一维概率分布相同，但图(a)的前后相关弱，图(b)的前后相关强，这使得图(a)与图(b)的表现形式很不相同[图(a)变化快；图(b)变化慢]。因此，对于一个随机过程，需要用多维联合概率特性来描述，而对于平稳随机过程，则需要用二维联合概率分布才能做充分表征。

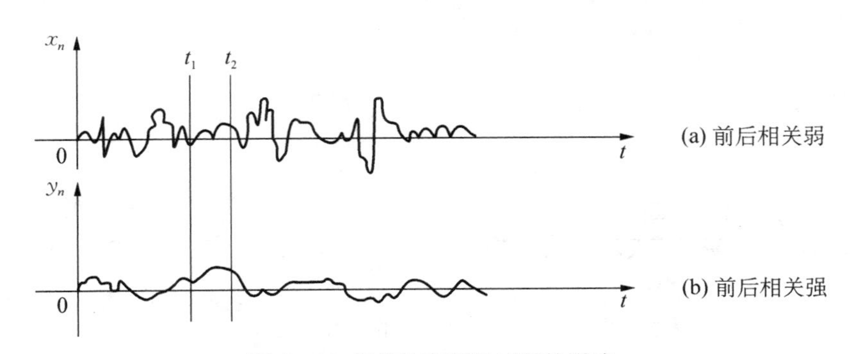

图 3-2　相关性对随机过程的影响

对于一个一般意义下的离散时间随机过程(或随机信号)，需要用到所有各时间点上的随机变量的多维联合概率分布。设 $n_1, n_2, \cdots, n_N$ 为 N 个任意整数，则 N 个随机变量 $x(n_1)$, $x(n_2)$, $\cdots$, $x(n_N)$的 N 维联合分布函数为

$$P_x(x_1, n_1; x_2, n_2; \cdots; x_N, n_N) = P[x(n_1) \leqslant x_1, x(n_2) \leqslant x_2, \cdots, x(n_N) \leqslant x_N] \tag{3-5}$$

3.2.2 离散时间随机过程的数字特征

前面讨论的概率分布可以在统计意义上充分描述一个随机序列，但在实际问题中，要得到一个随机过程各点上的随机变量的分布函数是很困难的，而且，在很多实践中，往往只需要知道概率分布的某些特征量就足以描绘这个过程了。均值、方差与自相关函数就是其中最主要的数字特征。当我们已经知道随机过程的分布函数的形式(例如高斯分布、泊松分布或均匀分布等)时，又往往只要知道它的某些特征量，就已充分说明它的概率分布了。例如，对于高斯分布形式，只要知道它的均值 μ_x 与方差 σ_x^2 这两个特征量，就等于完全说明了它的概率密度函数，这是因为高斯分布的概率密度函数为

$$p_x(x, n)=\frac{1}{\sqrt{2\pi\sigma_x^2}}\exp\left[-\frac{(x-\mu_x)^2}{2\sigma_x^2}\right] \tag{3-6}$$

这些特征量的性质及其定义的详细解释，在上一章已做过讨论，这里不再解释。

均值、均方值和方差三个特征量仅与一维概率密度 $p(x)$有关。对于平稳随机过程，其一维概率密度与时间无关，故一个平稳随机序列的均值、均方值和方差均是与时间无关的常数。

与二维概率分布有关的统计特性主要有相关函数。

1) 相关分析的基本概念

如图 3-3 所示，在时域上有四个信号。若要比较它们的相似程度，可用肉眼观测进行比较，得到如下结论：$x_2(t)$与 $y_1(t)$、$y_2(t)$之间很相似；$x_1(t)$与 $x_2(t)$、$y_1(t)$、$y_2(t)$中的任何一个都不相似。但是如果要进一步比较 $x_2(t)$与 $y_1(t)$、$y_2(t)$中的哪两个更相似，仅仅靠观察就很难得出结论了。因此，我们希望寻找一种定量的方法来比较波形的相似程度。

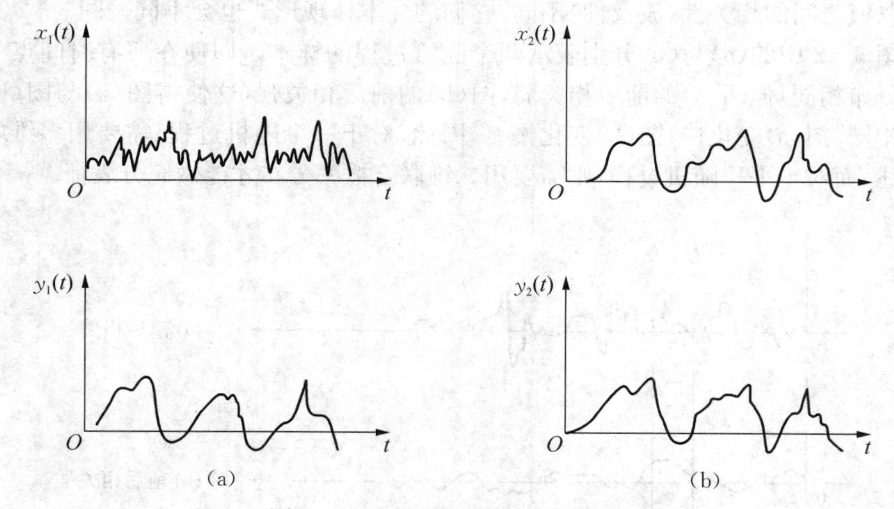

图 3-3 四种波形的相似程度比较

设把如图 3-3 所示的两个信号 $x(t)$和 $y(t)$等间隔地分成 N 个离散值，如果把同一横坐标上对应的两个纵坐标值之差的平方加起来并除以离散点数 N，记为

$$Q=\frac{1}{N}\sum_{i=1}^{N}(x_i-y_i)^2 \tag{3-7}$$

显然，如果 $Q=0$，则两信号波形完全相等；如果 Q 的数值小，表示两个信号波形差别不大

而相似；如果 Q 的数值大，表示两个信号波形差别大而不相似。采用两者之差的平方 $(x_i - y_i)^2$，是因为两者相减会出现正负值，直接相加可能互相抵消而采取此运算措施。

将式(3-7)展开得

$$Q = \frac{1}{N}\sum x_i^2 + \frac{1}{N}\sum y_i^2 - \frac{2}{N}\sum x_i y_i \tag{3-8}$$

式(3-8)前两项表示信号的均方值，即信号的总能量，如果所被比较信号的总能量相等，则两个信号波形相似程度完全取决于第三项的大小，取其一半记为

$$R = \frac{1}{N}\sum_{i=1}^{N} x_i y_i \tag{3-9}$$

显然，R 的数值大，Q 就小，其意义表示两个信号的相似性较好，反之则相似性差。这种方法在比较两信号波形相似性时没有考虑到信号时间的起始点，如余弦信号时移 90°的波形与正弦信号是完全相似的。因此，可以在其中一个信号中引入时间平移量 τ，这样式(3-9)就变为

$$R(\tau) = \frac{1}{N}\sum_{i=1}^{N} x_i y_{i+\tau} \tag{3-10}$$

可以用式(3-10)来定量地评价两波形之间的相似程度。

2) 互相关函数

在随机序列不同时刻的状态之间存在着关联性，或者说不同时刻的状态之间互相有影响，包括随机序列本身或者不同随机序列之间。这一特性常用自相关函数和互相关函数进行描述。

从以上讨论可知，式(3-10)中的 $R(\tau)$ 可以定量地分析两个信号波形之间的相似程度，$R(\tau)$ 不仅与两个信号波形本身的特点有关，还与两个信号之间的相对移动值有关。由此可见，$R(\tau)$ 的物理意义是描述了两个函数之间的相似性，称 $R(\tau)$ 为互相关函数。

上面公式是根据两个信号的离散值来计算的，如果是连续值，可把间隔取得很小，即把 $N \to \infty$，$(N-1) = T/\Delta t$ 中的 Δt 取得很小，在微分中用 $\mathrm{d}\tau$ 表示，则上面求和就变成了积分形式。

因此互相关函数的定义为

$$R_{xy}(\tau) = \lim_{T\to\infty} \frac{1}{T}\int_0^T x(t) y(t+\tau)\mathrm{d}t \tag{3-11}$$

显然，$R_{xy}(\tau)$ 是时间延迟量 τ 的函数，它描述了 $x(t)$ 和 $y(t)$ 在不同时刻的相似性。由式(3-9)的推演过程可知，几个波形之间两两进行比较时，信号波形的均方值必须相等，否则将无可比性。如果信号波形的均方值不相等，可利用相关系数 $\rho_{xy}(\tau)$ 进行比较，由于在公式中用均值和方差进行了处理，因而消除了均方值不等的影响。

相关系数为

$$\rho_{xy}(\tau) = \frac{R_{xy}(\tau) - \mu_x \mu_y}{\sigma_x \sigma_y} \tag{3-12}$$

相关系数 $\rho_{xy}(\tau) \leqslant 1$，其值越高，相似程度越高；$\rho_{xy}(\tau) = 1$ 时两波形完全相似；$\rho_{xy}(\tau) = -1$ 时，两波形完全相似，但相位相反。$\rho_{xy}(\tau) = 0$ 时，两波形之间不存在任何相关关系。

3) 自相关函数

自相关函数可以看作互相关函数的特例，如果互相关函数中的 $x(t) = y(t)$，就可以得到

自相关函数:

$$R_x(\tau)=\lim_{T\to\infty}\frac{1}{T}\int_0^T x(t)x(t+\tau)\mathrm{d}t \tag{3-13}$$

信号 $x(t)$ 的自相关函数描述了信号本身在一个时刻与另一个时刻取值之间的相似关系。

其自相关系数为

$$\rho_x(\tau)=\frac{R_x(\tau)-\mu_x^2}{\sigma_x^2} \tag{3-14}$$

3.2.3 相关函数的性质

1) 自相关函数的性质

(1) 自相关函数是偶函数:

$$R_x(\tau)=R_x(-\tau)$$

(2) 当 $\tau=0$ 时,自相关函数取得最大值:

$$R_x(0)=R_x(\tau)_{\max} \tag{3-15}$$

自相关函数描述的是信号自身在一个时刻与另一个时刻取值之间的相似关系,显然当 $\tau=0$ 时,是信号在同一时刻自身的比较,其波形完全相同,当然取得最大值。

(3) 周期信号的自相关函数仍是同频的周期函数,但失去了相位信息。

由于周期信号 $x(t)$ 的波形呈周期性的变化,当 τ 平移了一个周期,其相似程度也以相同周期呈周期性的变化,所以周期信号的自相关函数仍是同频的周期函数。

例 3-1 求正弦函数 $x(t)=x_0\sin(\omega t+\phi)$ 的自相关函数。初始相角 ϕ 为一随机变量。

解: 此正弦函数是一个零均值的各态历经随机过程,其各种平均值可以用一个周期内的平均值表示。该正弦函数的自相关函数为

$$R_x(\tau)=\lim_{T\to\infty}\frac{1}{T}\int_0^T x(t)x(t+\tau)\mathrm{d}t=\frac{1}{T_0}\int_0^{T_0}x_0^2\sin(\omega t+\varphi)\sin[\omega(t+\tau)+\varphi]\mathrm{d}t$$

式中,T_0 为正弦函数的周期,且 $T_0=\dfrac{2\pi}{\omega}$。

令 $\omega t+\phi=\theta$,则 $\mathrm{d}t=\dfrac{\mathrm{d}\theta}{\omega}$。于是有

$$R_x(\tau)=\frac{x_0^2}{2\pi}\int_0^{2\pi}\sin\theta\sin(\theta+\omega\tau)\mathrm{d}\theta=\frac{x_0^2}{2}\cos\omega\tau$$

可见正弦函数的自相关函数是一个余弦函数,在 $\tau=0$ 时具有最大值,但它不随 τ 的增加而衰减至零。它保留了原正弦信号的幅值和频率信息,而丢失了初始相位信息。

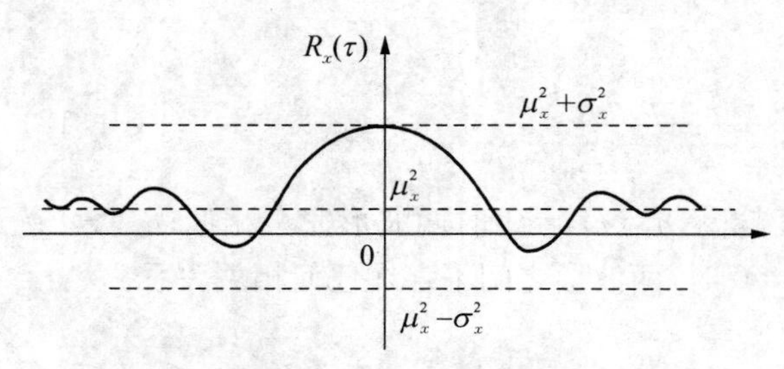

图 3-4 自相关函数的性质

(4) 若 $x(t)$ 是随机信号,当时移 τ 很大或 $\tau\to\infty$ 时,$x(t)$ 与 $x(t+\tau)$ 之间不存在内在的依从性,彼此不相似,则 $\rho_x(\tau\to\infty)=0$ 或 $R_x(\tau\to\infty)=\mu_x^2$。图 3-4 示出了随机信号的

自相关函数曲线。

图 3-5 是四种典型信号的自相关函数的图形，从这些图形可以看出自相关函数的性质。只要信号中含有周期成分，其自相关函数在 τ 很大时都不衰减，并具有明显的周期性，不包含周期成分的随机信号，当 τ 稍大时自相关函数就趋近于零。宽带随机噪声的自相关函数很快衰减到零，窄带随机噪声的自相关函数则有较慢的衰减特性。

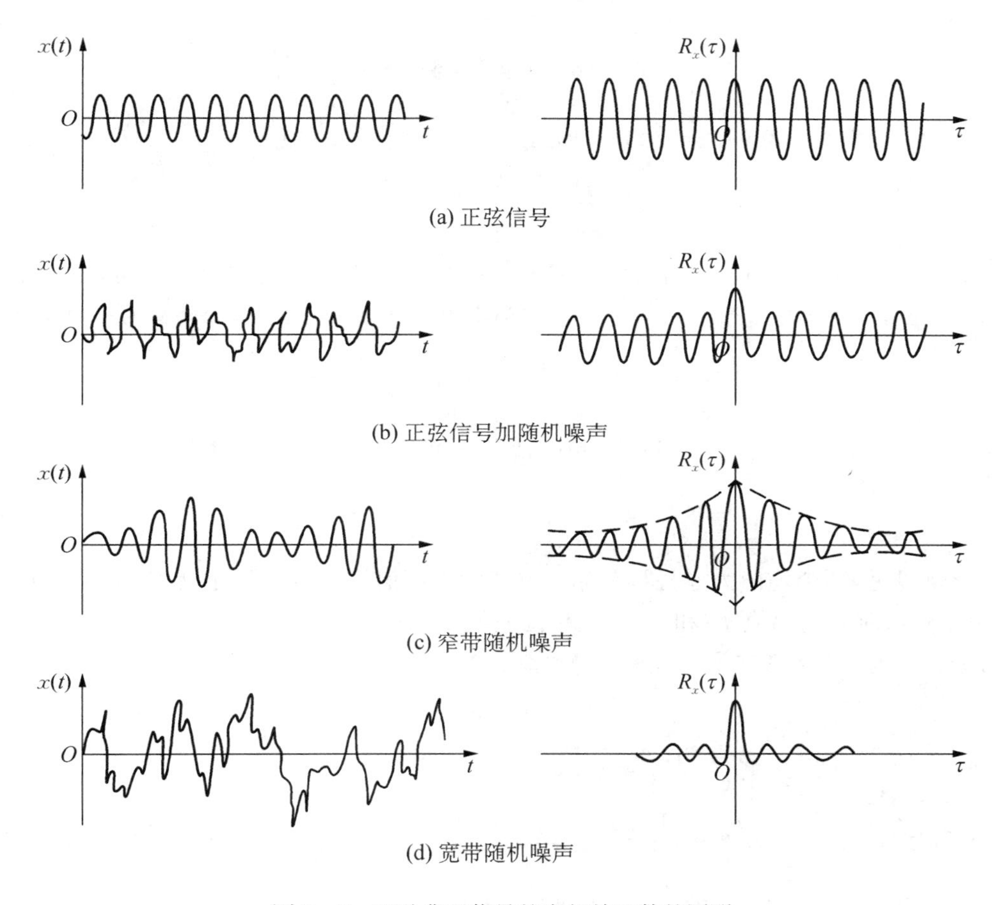

图 3-5　四种典型信号的自相关函数的图形

2）互相关函数的性质

（1）互相关函数不是偶函数，但有

$$R_{xy}(\tau)=R_{yx}(-\tau) \tag{3-16}$$

所以，书写和计算互相关函数时，应注意下角标的顺序。

（2）互相关函数的峰值不一定发生在 $\tau=0$ 的位置。图 3-6 表示了互相关函数一种可能的图形，从图中可以看到，互相关函数是当 τ 偏离坐标原点一段距离后才取得最大值 $\mu_x\mu_y+\sigma_x\sigma_y$，其 τ 偏离原点的距离 τ_0 就反映了 $x(t)$、$y(t)$ 两信号取得最大相似程度的时间间隔值。

（3）周期信号的互相关函数也是同频的周期信号，而且还保留了原信号的相位信息。

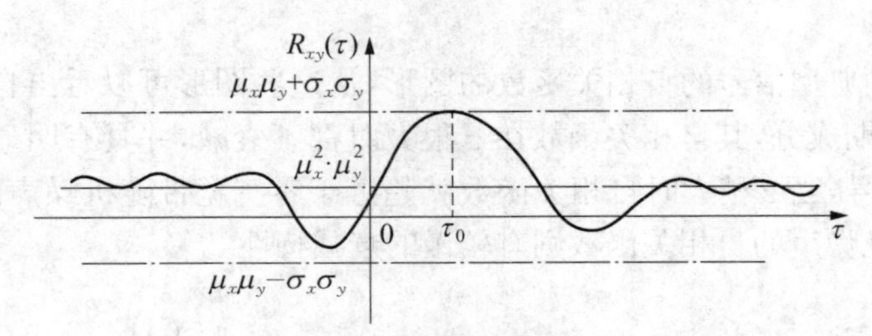

图 3-6 互相关函数的性质

例 3-2 设有两个周期信号 $x(t)$和 $y(t)$：

$$x(t) = x_0\sin(\omega t + \theta)$$
$$y(t) = y_0\sin(\omega t + \theta - \varphi)$$

式中，θ 为 $x(t)$相对于 $t = 0$ 时刻的相位角；φ 为 $x(t)$ 与 $y(t)$ 的相位差。试求其互相关函数 $R_{xy}(\tau)$。

解： 因为信号是周期信号，可以用一个共同周期内的平均值代替其整个历程的平均值，故

$$\begin{aligned} R_{xy}(\tau) &= \lim_{T\to\infty}\frac{1}{T}\int_0^T x(t)y(t+\tau)\mathrm{d}t \\ &= \frac{1}{T_0}\int_0^{T_0} x_0\sin(\omega t+\theta)y_0\sin[\omega(t+\tau)+\theta-\varphi]\mathrm{d}t \\ &= \frac{1}{2}x_0y_0\cos(\omega\tau-\varphi) \end{aligned}$$

由此例可见，两个均值为零且具有相同频率的周期信号，其互相关函数中保留了这两个信号的圆频率 ω、对应的幅值 x_0 和 y_0 以及相位差值 φ 的信息。

例 3-3 若两个周期信号 $x(t)$和 $y(t)$的圆频率不相等：

$$x(t) = x_0\sin(\omega_1 t + \theta)$$
$$y(t) = y_0\sin(\omega_2 t + \theta - \varphi)$$

试求其互相关函数。

解： 因为两个信号的圆频率不相等 ($\omega_1 \neq \omega_2$)，不具有共同的周期，因此按式(3-11) 计算：

$$\begin{aligned} R_{xy}(\tau) &= \lim_{T\to\infty}\frac{1}{T}\int_0^T x(t)y(t+\tau)\mathrm{d}t \\ &= \lim_{T\to\infty}\frac{1}{T}\int_0^T x_0y_0\sin(\omega_1 t+\theta)\sin[\omega_2(t+\tau)+\theta-\varphi]\mathrm{d}t \end{aligned}$$

根据正(余)弦函数的正交性，可知

$$R_{xy}(\tau) = 0$$

可见，两个非同频的周期信号是不相关的。

(4) 两随机信号无同频成分时有

$$\lim_{\tau\to\infty} R_{xy}(\tau) = \mu_x\mu_y$$

3.3 相关函数的应用

在工程上，通过对相关函数的测量与分析，利用相关函数本身所具有的特性，可以获得许

多有用的重要信息。

3.3.1　自相关函数的应用

自相关函数分析主要用来检测混淆在随机信号中的确定性信号。这一问题是随机信号处理非常重要的一个问题，因为分析与处理随机信号的前提是该信号为随机信号，如果该信号中含有周期性信号或其他确定性信号，则处理的结果将会产生问题。因此，从测量信号中发现并分离确定性信号是随机信号处理非常重要的一个问题。

正如前面自相关函数的性质所表明的，这是因为周期信号或任何确定性信号在所有时差 τ 值上都有自相关函数值，而随机信号当时差 τ 足够大以后其自相关函数趋于零（假定为零均值随机信号）。

图 3-7 所示为对汽车做平稳性试验时，在汽车车身处测得的振动加速度时间历程曲线（图 3-7a）及其自相关函数（图 3-7b）。由图看出，尽管测得信号本身呈现杂乱无章的样子，说明混有一定程度的随机干扰，但其自相关函数却有一定的周期性，其周期 T 约为 50 ms，说明存在着周期性激励源，其频率 $f=1/T=20$ Hz。

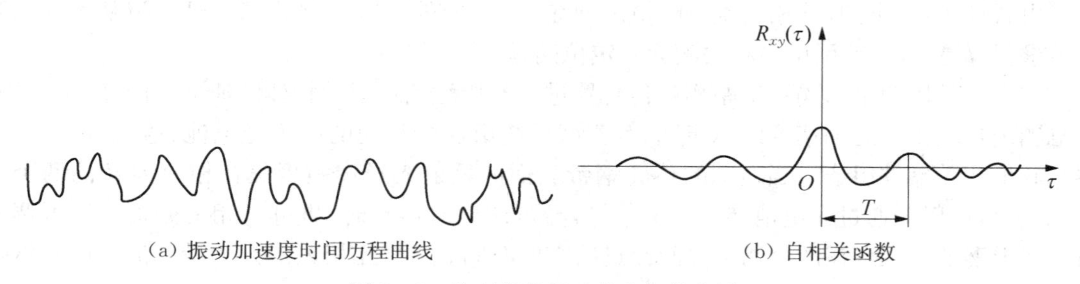

图 3-7　汽车车身振动的自相关分析

在通信、雷达、声呐等工程应用中，常常要判断接收机接收到的信号当中有无周期信号。这时利用自相关分析是十分方便的。如图 3-8 所示，一个微弱的正弦信号被淹没在强干扰噪声之中，但在自相关函数中，当时差 τ 足够大时该正弦信号能清楚地显露出来。

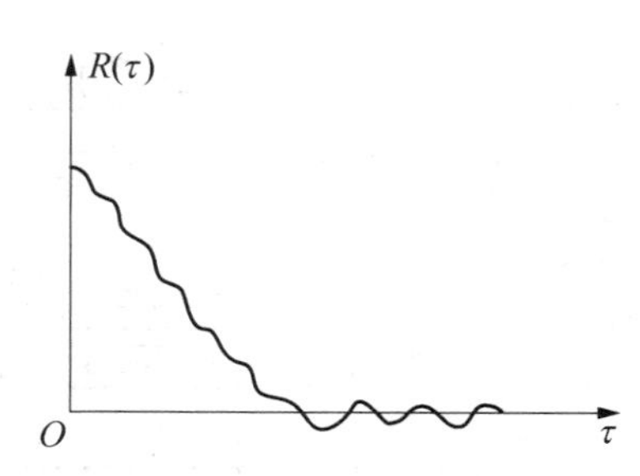

图 3-8　从强噪声中校测到微弱的正弦信号

总之，在机械等工程应用中，自相关分析有一定的使用价值。但一般说来，用它的傅里叶变换（自谱）来解释混在噪声中的周期信号可能更好些。另外，由于自相关函数中丢失了相位信息，这使其应用受到限制。

3.3.2　互相关函数的应用

互相关函数的上述性质，使它在工程应用中有重要的价值。利用互相关函数可以测量系统的延时，如确定信号通过给定系统所滞后的时间。如果系统是线性的，则滞后的时间可以直接用输入、输出互相关图上峰值的位置来确定。利用互相关函数可识别、提取混淆在噪声中的信号。例如对一个线性系统激振，所测得的振动信号中含有大量的噪声干扰。根据线性系统的频率保持性，只有和激振频率相同的成分才可能是由激振而引起的响应，其他成分均是干扰，因此只要将激振信号和所测得的响应信号进行互相关处理，就可以得到由激振而引起的响应，消除了噪声干扰的影响。

在测试技术中，互相关技术也得到了广泛的应用，下面是应用互相关技术进行测试的几个例子。

1）相关测速（图 3-9）

设时间信号 $x(t)$ 通过一个非频变线性路径进行传递，传递中混入噪声 $n(t)$，最后测得一个 $y(t)$：

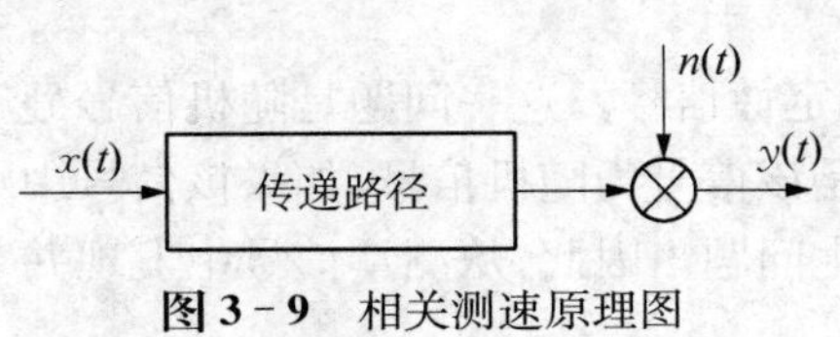

图 3-9　相关测速原理图

$$y(t)=ax(t-d/v)+n(t) \tag{3-17}$$

式中，d 为传递路径；v 为速度。

输入输出的互相关函数

$$\begin{aligned}R_{xy}(\tau)&=\lim_{T\to\infty}\frac{1}{T}\int_0^T x(t)y(t+\tau)\mathrm{d}t\\&=\lim_{T\to\infty}\frac{1}{T}\int_0^T x(t)[ax(t-d/v+\tau)+n(t)]\mathrm{d}t\\&=aR_{xx}(\tau-d/v)\end{aligned} \tag{3-18}$$

由式（3-18）可知，互相关函数峰值出现在 $\tau=d/v$ 处，已知 v 或距离 d 便可以从互相关测量上求得 d 或 v，这就引申出相关测速和定位问题。

工程中常用两个间隔一定距离的传感器进行非接触测量运动物体的速度。图 3-10 是非接触测定热轧钢带运动速度的示意图，其测试系统由性能相同的两组光电池、透镜、可调延时器和其他相关器件组成。当运动的热轧钢带表面的反射光经透镜聚焦在相距为 d 的两个光电池上时，反射光通过光电池转换为电信号，经可调延时器延时，再进行相关处理。当可调延时 τ 等于钢带上某点在两个测点之间经过所需的时间 τ_d 时，互相关函数为最大值。所测钢带的运动速度为 $v=d/\tau_d$。

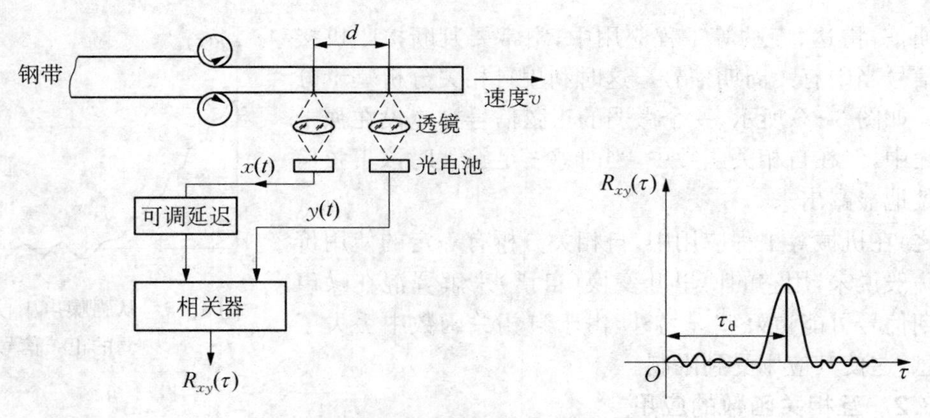

图 3-10　非接触测定热轧钢带运动速度

同理利用相关测速的原理，在汽车前后轴上放置传感器，可以测量汽车在冰面上行驶时，车轮滑动加滚动的车速；在船体底部前后一定距离，安装两套向水底发射、接受声呐的装置，可以测量航船的速度；在高炉输送煤粉的管道中，相距一定距离安装两套电容式相关测速装置，可以测量煤粉的流动速度和单位时间内的输煤量。

2）相关定位

图 3-11 是确定深埋在地下的输油管裂损位置的示意图。漏损处 K 为向两侧传播声响的声源。在两侧管道上分别放置传感器 1 和 2，因为放传感器的两点距漏损处不等远，所以漏

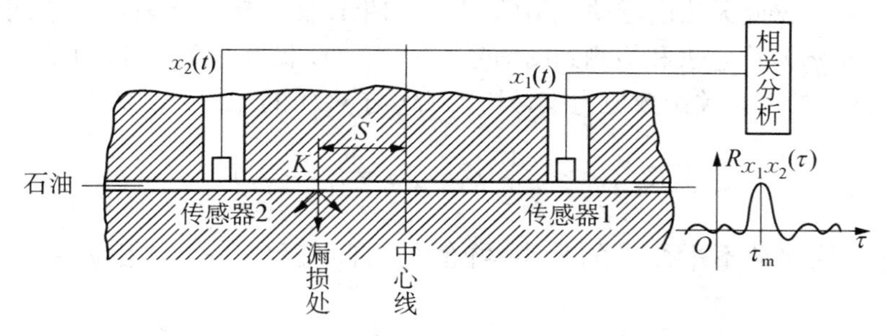

图3-11　确定输油管裂损位置图

油的声响传至两传感器就有时差 τ_m，在互相关图上 $\tau=\tau_m$ 处，$R_{x_1x_2}(\tau)$ 有最大值。由 τ_m 可确定漏损处的位置：

$$s=\frac{1}{2}v\tau_m \tag{3-19}$$

式中，s 为两传感器的中点至漏损处的距离；v 为声响通过管道的传播速度。

3）传递通道的相关测定

相关分析方法可以应用于工业噪声传递通道的分析和隔离、复杂管路振动的传递和振动源的判别等。图3-12是汽车司机座振动传递途径的识别示意图。在发动机、司机座、后桥共放置三个加速度传感器，将输出并放大的信号进行互相关分析，可以看到：发动机与司机座的相关性较差，而后桥与司机座的互相关较大，可以认为司机座的振动主要是由汽车后轮的振动引起的。

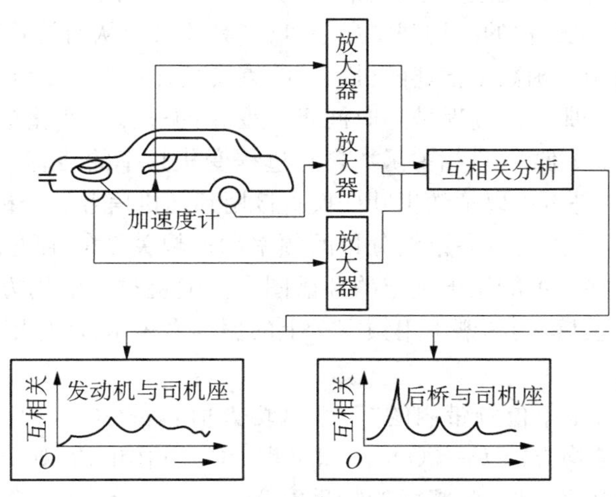

图3-12　车辆振动传递途径的识别

4）检测混淆在噪声中的信号

互相关分析还有一类重要应用是检测混淆在噪声中的信号。例如，旋转机械的转子由于动不平衡引起的振动，其信号本身是与转子同频的周期信号，设为 $x(t)=A\sin(\omega_0 t+\varphi_x)$。但是测振传感器测得的信号不可能是单纯的 $x(t)$，而是混在各种随机干扰噪声和其他频率的周期干扰噪声 $n(t)$ 之中的信号。为了提取感兴趣的信号 $x(t)$，虽然可用自相关分析的方法，但自相关函数中只能反映信号 $x(t)$ 的幅值信息（对应动不平衡量的大小），且丢失了相位信息（对应动不平衡量的方位),据此无法进行动平衡的调整。如果设法从转子上取出一个同频的参考信号 $y(t)=B\sin(\omega_0 t+\varphi_y)$,用它去和检测到的信号 $x(t)+n(t)$ 做互相关处理。由于噪声 $n(t)$ 与 $y(t)$ 是频率无关的,两者的互相关函数恒为零,只有 $x(t)$ 与 $y(t)$ 的互相关函数 $R_{xy}(\tau)$ 存在,即

$$R_{xy}(\tau)=\frac{AB}{2}\cos(\omega_0 t+\varphi_y-\varphi_x) \tag{3-20}$$

式中,幅值 $AB/2$ 反映动不平衡量的大小,峰值的时间偏移量 τ_0 与相位差($\varphi_y-\varphi_x$)有如下关系:

$$\tau_0=\frac{\varphi_y-\varphi_x}{\omega_0} \tag{3-21}$$

测出 τ_0,根据已知的 ω_0 和 φ_y 即可求出 φ_x,这就测定了动不平衡量的方位,据此才可能进行动平衡的调整工作,可见互相关分析更为全面。当然互相关分析一定要参考一个与被提取信号同频的信号,才能把所需信息提取出来,而自相关分析则不用参考信号。因此互相关分析的系统要复杂一些。

需要强调的是,自相关分析只能检测(或提取)混在噪声中的周期信号。而从原理上看,互相关分析不限于从噪声中提取周期信号,也有可能提取非周期信号,只要能设法建立相应的参考信号即可。

3.4 随机频域信号的分析与处理——平稳序列的谱分析

我们已经熟悉,在对一个作为时间函数的(周期或非周期的)确知信号进行傅里叶分析时,常将它分解成若干个(有限或无限多个)简谐振动的叠加,以揭示它的频谱结构。那么是否可用类似的方法来研究随机过程的结构呢?如果可行,具体又应从何处着手?

前面已经提到,自相关函数是描述随机信号的重要统计特性。定性地讲,如果自相关函数随 τ 的增加而迅速减小,那么该过程是随时间迅速变化的;反之,变化缓慢的过程为随 τ 缓慢减小的自相关函数。可以推测,自相关函数含有过程变化频率的信息。确定性信号的傅里叶变换是该信号的频谱。是否可以把傅里叶变换直接用到随机信号的分析中呢?

频谱是描述组成给定过程的各谐波分量的频率和振幅关系的函数。对于随机函数,由于它的振幅或相位是随机的,不能做出确定的频谱图。但随机过程的均方值可以用来表示随机函数的强度。这样随机过程的频谱不用频率 f 上的振幅来表示,而是用频率 f 到 $f+\Delta f$ 频率范围内的均方值来描述。

功率谱密度的定义是单位频带内的"功率"(均方值),数学上,功率谱密度值-频率值的关系曲线下的面积就是均方值 $E[x^2(t)]$。如果把 $x(t)$看作电流,则 $x^2(t)$将表示该电流在负载上产生的功率。由此可见,谱密度的物理意义是表示 $x(t)$产生的功率 ψ_x^2 在频率轴上的分布,因此 $S_x(f)$也称为功率谱。谱密度函数可以作为一个描述平稳随机过程的新特征,它是从频率的领域来描述随机过程,而自相关函数是从时间的领域来描述随机过程。

3.4.1 功率谱密度函数

假定 $x(t)$是零均值的随机过程,即 $\mu_x=0$(如果原随机过程是非零均值的,可以进行适当处理使其均值为零),又假定 $x(t)$ 中没有周期分量,那么当 $\tau\to\infty$ 时,$R_x(\tau)\to 0$。这样,自相关函数 $R_x(\tau)$ 可满足傅里叶变换的条件 $\int_{-\infty}^{\infty}|R_x(\tau)|\mathrm{d}\tau<\infty$。由此得到 $R_x(\tau)$ 的傅里

叶变换：

$$S_x(f)=\int_{-\infty}^{\infty}R_x(\tau)e^{-j2\pi f\tau}d\tau \tag{3-22}$$

和逆变换

$$R_x(\tau)=\int_{-\infty}^{\infty}S_x(f)e^{j2\pi f\tau}df \tag{3-23}$$

定义 $S_x(f)$ 为 $x(t)$ 的自功率谱密度函数，简称自谱或自功率谱。由于 $S_x(f)$ 和 $R_x(\tau)$ 之间是傅里叶变换对的关系，两者是唯一对应的，$S_x(f)$ 中包含着 $R_x(\tau)$ 的全部信息。因为 $R_x(\tau)$ 为实偶函数，$S_x(f)$ 亦为实偶函数。由此常用在 $f=0\sim\infty$ 范围内的 $G_x(f)=2S_x(f)$ 来表示信号的全部功率谱，并把 $G_x(f)$ 称为 $x(t)$ 信号的单边功率谱(图 3-13)。

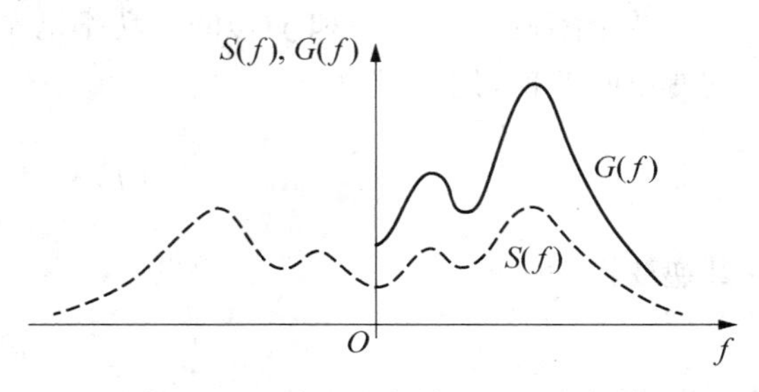

图 3-13　单边功率谱和双边功率谱

$$G_x(f)=\begin{cases}2S_x(f), & f\geqslant 0\\ 0, & f<0\end{cases} \tag{3-24}$$

若 $\tau=0$，根据自相关函数 $R_x(\tau)$ 和自功率谱密度函数 $S_x(f)$ 的定义，可得到

$$R_x(0)=\lim_{T\to\infty}\frac{1}{T}\int_0^T x^2(t)dt=\int_{-\infty}^{\infty}S_x(f)df \tag{3-25}$$

由此可见，$S_x(f)$ 曲线和频率轴所包围的面积就是信号的平均功率，$S_x(f)$ 就是信号的功率密度沿频率轴的分布，故称 $S_x(f)$ 为自功率谱密度函数。

从傅里叶变换的性质可知：信号的时域总能量 $\int_{-\infty}^{+\infty}x^2(t)dt$ 与对应的频域总能量 $\int_{-\infty}^{+\infty}|X(f)|^2df$ 满足帕什瓦尔(Parseval)能量积分等式，即

$$\int_{-\infty}^{+\infty}x^2(t)dt=\int_{-\infty}^{+\infty}|X(f)|^2df$$

现对此式两端同时进行求平均功率的运算：

$$\lim_{T\to\infty}\frac{1}{T}\int_{-\infty}^{+\infty}x^2(t)dt=\lim_{T\to\infty}\frac{1}{T}\int_{-\infty}^{+\infty}|X(f)|^2df$$

综合以上三式得

$$R_x(\tau=0)=\lim_{T\to\infty}\frac{1}{T}\int_{-\infty}^{+\infty}x^2(t)dt=\int_{-\infty}^{+\infty}S_x(f)df=\lim_{T\to\infty}\frac{1}{T}\int_{-\infty}^{+\infty}|X(f)|^2df$$

故有下式成立：

$$S_x(f)=\lim_{T\to\infty}\frac{1}{T}|X(f)|^2 \tag{3-26}$$

从式(3-26)可以得出以下两点结论：

(1) 信号 $x(t)$ 的自功率谱密度函数 $S_x(f)$ 不仅可以从其自相关函数的傅里叶变换中获

得，也可以从信号的幅值频谱中获得。无论采用何种方法获得 $S_x(f)$，都将使自功率谱密度函数中仅含有原信号的幅值和频率信息，而丢失了原信号的相位信息。

(2) 自功率谱密度函数 $S_x(f)$ 和信号的幅值频谱函数均反映了原信号 $x(t)$ 的频率结构，但它们具有各自的量纲，而且 $S_x(f)$ 反映的是信号幅值频谱的平方。所以，在 $S_x(f)$ 中突出了信号中的高幅值分量(主要矛盾)，使原信号 $x(t)$ 的主要频率结构特征更为明显，也使得自功率谱密度分析比幅值频谱分析的实用价值更大、用处更广。

两个随机信号 $x(t)$ 和 $y(t)$ 的互功率谱密度函数(简称互谱)是它们的互相关函数 $R_{xy}(\tau)$ 的傅里叶变换，记作 $S_{xy}(f)$：

$$S_{xy}(f) = \int_{-\infty}^{\infty} R_{xy}(\tau) e^{-j2\pi f\tau} d\tau \tag{3-27}$$

其逆变换为

$$R_{xy}(\tau) = \int_{-\infty}^{\infty} S_{xy}(f) e^{j2\pi f\tau} df \tag{3-28}$$

互相关函数 $R_{xy}(\tau)$ 并非偶函数，因此 $S_{xy}(f)$ 具有虚、实两部分。同样，$S_{xy}(f)$ 保留了 $R_{xy}(\tau)$ 的全部信息。

3.4.2 功率谱密度函数的物理意义

$S_x(f)$ 和 $S_{xy}(f)$ 是在频域内描述随机信号的函数。式(3-25)图解含义如图 3-14 所示。图 3-14a 为原始的随机信号 $x(t)$；图 3-14b 为 $x^2(t)/T$ 的函数曲线；图 3-14c 为 $x(t)$ 的自相关函数 $R_x(\tau)$；图 3-14d 为 $R_x(\tau)$ 的傅里叶变换 $S_x(f)$，即自谱函数曲线。根据式(3-25)，$S_x(f)$ 曲线下的总面积与 $x^2(t)/T$ 曲线下的总面积相等。按一般的物理概念理解，$x^2(t)$ 是信号 $x(t)$ 的能量，则 $x^2(t)/T$ 是信号 $x(t)$ 的功率，而 $\lim\limits_{T\to\infty}\frac{1}{T}\int_0^T x^2(t)dt$ 就是信号 $x(t)$ 的总功率，这一总功率与 $S_x(f)$ 曲线下的总面积相等，所以 $S_x(f)$ 曲线下的总面积就是信号 $x(t)$ 的总功率。由 $S_x(f)$ 曲线可知，这一总功率是无数个在不同频率上的功率元 $S_x(f)df$ 的总和，$S_x(f)$ 波形的起伏表示了总功率在各频率处的功率元分布的变化情况，称 $S_x(f)$ 为随机信号 $x(t)$ 的功率谱密度函数。用同样的方法，可以解释互谱密度函数 $S_{xy}(f)$。

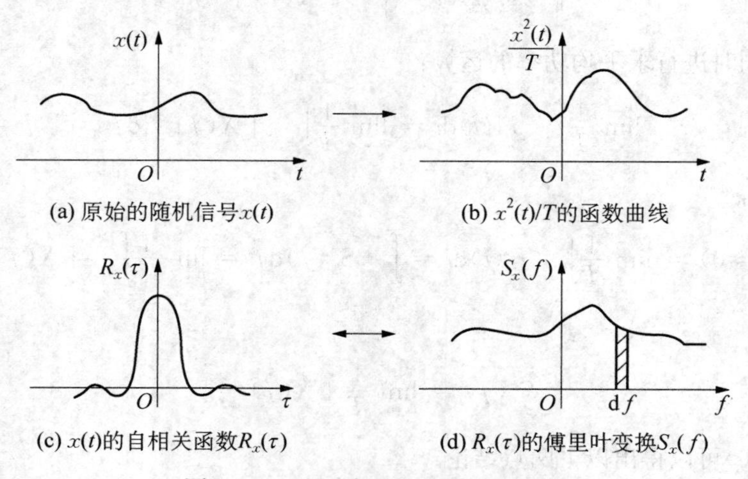

图 3-14 自功率谱的几何图形解释

3.4.3 功率谱的应用

1）获取系统的频率结构特性

自功率谱密度 $S_x(f)$ 反映信号的频域结构，这一点和幅值谱 $|X(f)|$ 一致，但是自功率谱密度所反映的是信号幅值的平方，因此其频率结构特征更为明显。

对于一个线性系统（图 3-15），若其输入为 $x(t)$，输出为 $y(t)$，系统的频率响应函数为 $H(f)$，则

$$Y(f)=H(f)X(f) \tag{3-29}$$

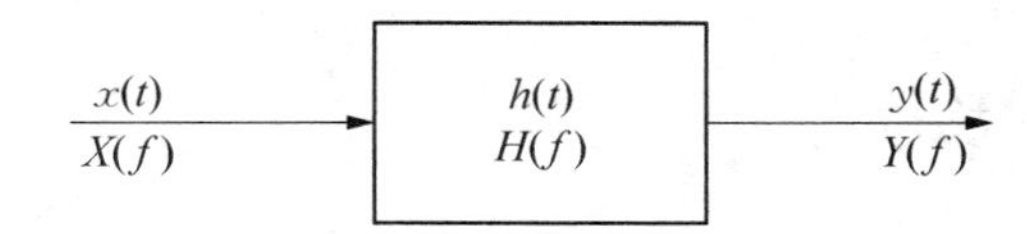

图 3-15 单输入、单输出系统

不难证明，输入、输出的自功率谱密度与系统频率响应函数的关系如下：

$$S_y(f)=|H(f)|^2S_x(f) \tag{3-30}$$

通过输入、输出自谱的分析，就能得出系统的幅频特性。但是在这样的计算中丢失了相位信息，因此不能得出系统的相频特性。

对于一个线性系统（图 3-15），同样可以证明

$$S_{xy}(f)=H(f)S_x(f) \tag{3-31}$$

故从输入的自谱和输入、输出的互谱就可以直接得到系统的频率响应函数。式(3-31)与式(3-30)不同，得到的 $H(f)$ 不仅含有幅频特性而且含有相频特性。这是因为互相关函数包含有相位信息。

2）利用互谱排除噪声影响

利用对信号传输系统的输入信号和输出信号的互谱分析，可排除系统噪声对信号的干扰。

对线性系统，其频率响应函数

$$H(f)=\frac{S_{xy}(f)}{S_x(f)} \tag{3-32}$$

设有一系统由两线性环节串联而成（图 3-16）。系统有输入 $x(t)$、输出 $y(t)$，$n(t)$ 是系统中混入的干扰，它由输入端的干扰 $n_1(t)$、两环节串联时的干扰 $n_2(t)$ 和输出端的干扰 $n_3(t)$ 组成。系统的输出 $y(t)$ 为

$$y(t)=x'(t)+n_1'(t)+n_2'(t)+n_3(t) \tag{3-33}$$

式中，$x'(t)$、$n_1'(t)$、$n_2'(t)$ 分别为系统对 $x(t)$、$n_1(t)$、$n_2(t)$ 的响应。

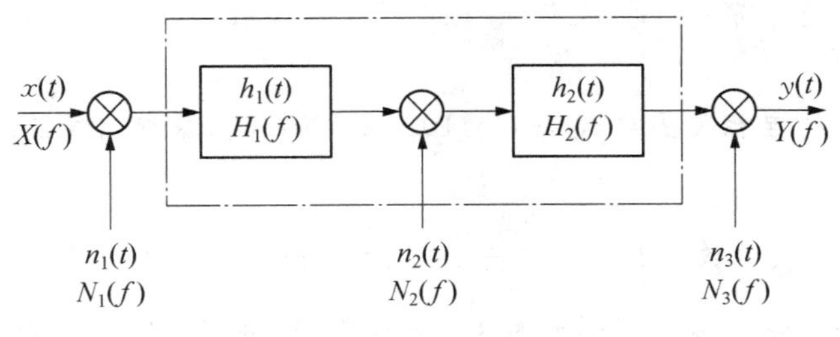

图 3-16 受外界干扰的系统

输入 $x(t)$ 与输出 $y(t)$ 的互相关函数为

$$R_{xy}(\tau)=R_{xx'}(\tau)+R_{xn_1'}(\tau)+R_{xn_2'}(\tau)+R_{xn_3}(\tau) \tag{3-34}$$

由于输入 $x(t)$ 与噪声 $n_1(t)$、$n_2(t)$ 和 $n_3(t)$ 是独立无关的，故互相关函数 $R_{xn_1'}(\tau)$、$R_{xn_2'}(\tau)$ 和 $R_{xn_3}(\tau)$ 均为零，所以

$$R_{xy}(\tau)=R_{xx'}(\tau) \tag{3-35}$$

故

$$H(f)=\frac{S_{xy}(f)}{S_x(f)}=\frac{S_{xx'}(f)}{S_x(f)} \tag{3-36}$$

式中，$H(f)=H_1(f)H_2(f)$ 为系统的频率响应函数。

这样，在求系统频率响应函数时就剔除了混入的干扰 $n(t)$ 对输出 $y(t)$ 的影响，这是这种分析方法突出的优点。然而应当注意到，利用式(3-36)求线性系统的 $H(f)$ 时，尽管其中的互谱 $S_{xy}(f)$ 不受噪声的影响，但是输入信号的自谱 $S_x(f)$ 仍然无法排除输入端测量噪声的影响，从而形成测量的误差。

3）功率谱在设备故障诊断中的应用

图 3-17 是汽车变速器上加速度信号的功率谱图。图 3-17a 是变速器正常工作谱图，图 3-17b 为机器运行不正常时的谱图。可以看到图 3-17b 比图 3-17a 增加了 9.2 Hz 和 18.4 Hz两个谱峰，这两个频率为设备故障的诊断提供了依据。

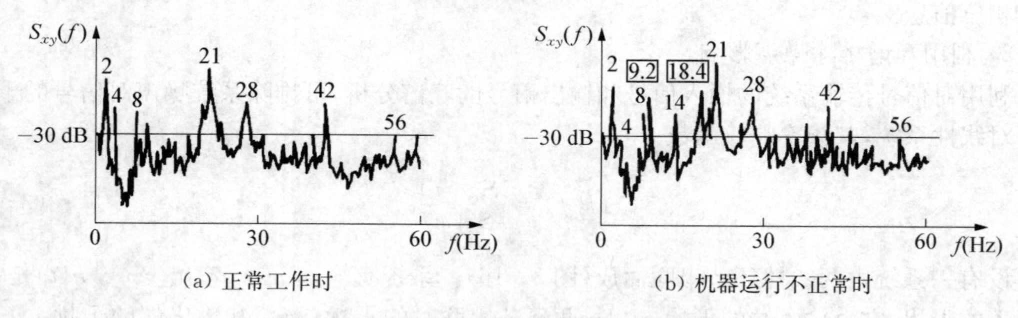

图 3-17 汽车变速器上加速度信号的功率谱图

谱分析技术在其他领域，如通信、航天、地球物理、资源考察、生物信息、语言识别与处理、人工智能等方面也获得了卓有成效的应用。

思考与练习

1. 已知某信号的自相关函数 $R_x(\tau)=100\cos 100\pi\tau$，试求该信号的均值 μ_x、均方值 ψ_x^2 和功率谱 $S_x(f)$。

2. 某信号的自相关函数为 $R_x(\tau)=\frac{1}{4}\mathrm{e}^{-2a|\tau|}\cos 2\pi f_0\tau$，求信号的自谱，并画出它们的图形。

3. 测得某信号的相关函数图形如图 3-18 所示，试分析该图形是 $R_x(\tau)$ 图形还是 $R_{xy}(\tau)$ 图形？为什么？从中可获得该信号的哪些信息？

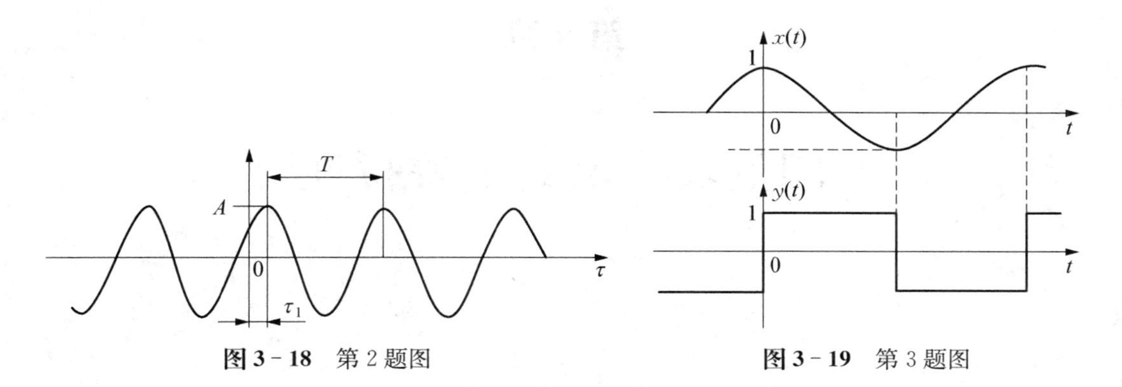

图 3-18　第2题图　　图 3-19　第3题图

4. 图 3-19 所示两信号 $x(t)$和 $y(t)$，求当 $\tau=0$ 时 $x(t)$ 和 $y(t)$ 的互相关函数值 $R_{xy}(0)$，并说明理由。

5. 信号 $x(t)$由两个频率和相位角均不等的余弦函数叠加而成，其数学表示式为 $x(t) = A_1\cos(\omega_1 t+\theta_1)+A_2\cos(\omega_2 t+\theta_2)$，求该信号的自相关函数。

6. 图 3-20 所示的延时环节，输入为 $x(t)$，输出为 $y(t)=x(t-T)$。试求 $x(t)$的自相关函数 $R_x(\tau)$与其互相关函数 $R_{xy}(\tau)$之间的关系。

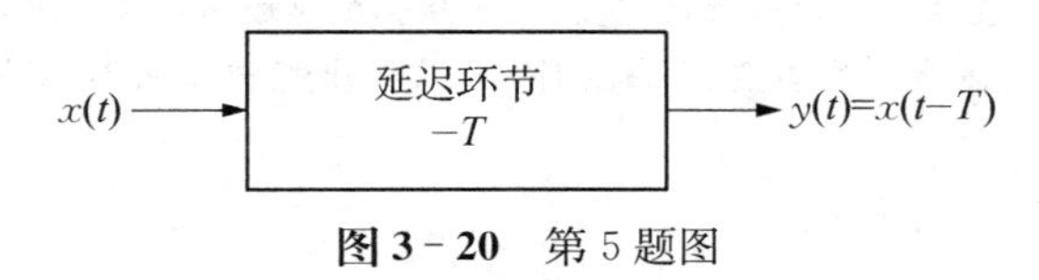

图 3-20　第5题图

7. 某系统的输入信号为 $x(t)$，若输出信号 $y(t)$与输入信号 $x(t)$的波形相同，并且输入的自相关函数 $R_x(\tau)$和输入-输出的互相关函数的关系为 $R_x(\tau)=R_{xy}(\tau+T)$，如图 3-21 所示。说明该系统所起的作用。

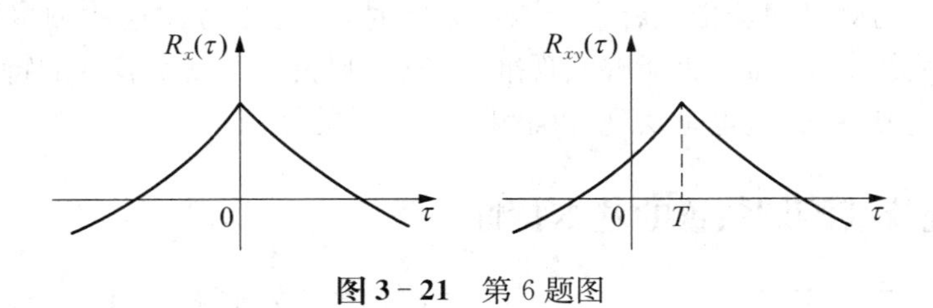

图 3-21　第6题图

第4章

测量装置及其主要特性

◎ **学习成果达成要求**

由于测量系统特性的影响，信号经过测量系统传递与转换后，会出现测量失真。为了实现准确测量、改善与评价测量系统的特性，必须了解测试系统的基本特性。

学生应达成的能力要求包括：

1. 能够利用测量装置的静态特性指标评价测量装置的性能。

2. 能够分析与评价测量装置的动态特性，包括频域指标和时域指标两个方面。

3. 根据测试装置实现信号不失真传递的条件，可以给出把波形失真限制在一定误差范围内的方法。

测试的目的是为了获取被测对象的状态、运动或特征等方面的信息。用于测取信息并进行必要的数学处理的各种设备，称为测试装置。对于一个测试装置，其输入信号可能是一个不随时间变化的静态量，也可能是一个随时间变化的动态信号，甚至是一个持续时间很短的瞬态信号。为实现信号的测量而选择或者设计测量装置时，就必须考虑这些测量装置能否准确获取被测量的量值及其变化；而是否能够实现准确测量，则决定于测量装置的特性。本章主要学习测量装置及其主要特性，这也是实现准确测量所必需的知识。

4.1 线性系统及其测试装置的基本特性

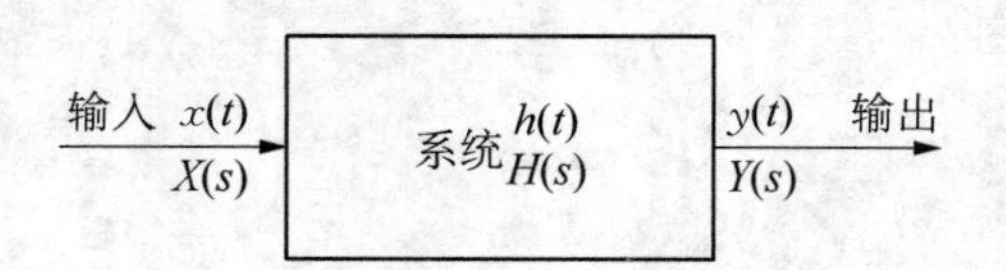

图4-1 测量系统、输入与输出的关系

一个测试系统不管其复杂与否，都可以归结为研究输入量 $x(t)$、系统的传输特性 $h(t)$ 和输出量 $y(t)$ 三者之间的关系，如图4-1所示，从而达到确定其特性之目的。本节讨论输入、测量装置的特性和输出之间的关系。

4.1.1 线性系统与测试系统

根据不同的测试目的，测试系统可以由各种不同功能的测试装置组成。每种装置都应当满足一定的性能要求，才能使其输出真实地反映输入的状态。

一个理想的测试装置应该具有单一的、确定的输入-输出关系。当输出和输入之间呈线性关系时为最佳。换言之，理想的测试装置应当是一个线性时不变系统。

如果一个系统的输入 $x(t)$ 和输出 $y(t)$ 之间的关系可以用常系数线性微分方程来描述，则

该系统就是一个线性时不变系统，其通式为

$$a_n \frac{\mathrm{d}^n y(t)}{\mathrm{d}t^n} + a_{n-1} \frac{\mathrm{d}^{n-1} y(t)}{\mathrm{d}t^{n-1}} + \cdots + a_1 \frac{\mathrm{d}y(t)}{\mathrm{d}t} + a_0 y(t) = b_m \frac{\mathrm{d}^m x(t)}{\mathrm{d}t^m} + b_{m-1} \frac{\mathrm{d}^{m-1} x(t)}{\mathrm{d}t^{m-1}} + \cdots + b_1 \frac{\mathrm{d}x(t)}{\mathrm{d}t} + b_0 x(t) \tag{4-1}$$

式中，a_n，a_{n-1}，…，a_0 和 b_m，b_{m-1}，…，b_0 是与测试装置特性和输入状况有关的常数。

若把某个功能装置如传感器、滤波电路、运算电路等简化为一个方框，并用 $x(t)$ 表示输入量、$y(t)$ 表示输出量、$h(t)$ 表示系统的传递特性，则三者之间的关系可用图 4-1 表示。$x(t)$、$y(t)$ 和 $h(t)$ 是三个彼此具有确定关系的量，当已知其中任何两个量，便可求出第三个量，这便构成了工程测试中需要解决的三个方面的实际问题：

(1) 输入 $x(t)$、输出 $y(t)$ 能观测，推断系统的传递特性 $h(t)$，工程上称之为系统辨识或参数识别；

(2) 输入 $x(t)$ 能观测，系统的特性 $h(t)$ 已知，估计输出 $y(t)$，工程上称之为响应预估；

(3) 输出 $y(t)$ 能观测，系统的特性 $h(t)$ 已知，推断输入 $x(t)$，工程上称之为载荷识别或环境预估。

4.1.2　线性系统的主要性质

对于式(4-1)所确定的线性系统，当其输入为 $x(t)$、对应的输出为 $y(t)$ 时，用 $x(t) \to y(t)$ 表示这种输入、输出的对应关系，则线性系统具有以下主要性质。

1) 线性性质(比例性和叠加性)

若

$$x_1(t) \to y_1(t) \quad x_2(t) \to y_2(t)$$

则

$$[c_1 x_1(t) + c_2 x_2(t)] \to [c_1 y_1(t) + c_2 y_2(t)] \tag{4-2}$$

式中，c_1、c_2 为常数。

它们表明，同时作用于线性系统的两个输入量所引起的输出，等于这两个输入量分别作用于该系统引起的输出量的和。因此，分析线性系统在多种输入同时作用下的总输出时，可以先将多种输入分解成许多单独的输入分量，在求出这些分量单独作用于系统的对应分量之后，再求各输出量之和便可求得其总的输出量。

2) 微分特性

系统对输入微分的响应，等同于对原输入响应的微分，即

若

$$x(t) \to y(t)$$

则

$$\frac{\mathrm{d}x(t)}{\mathrm{d}t} \to \frac{\mathrm{d}y(t)}{\mathrm{d}t} \tag{4-3}$$

3) 积分特性

当系统的初始条件为零时，即在考查时刻以前 $(t = 0^-)$，其输入量、输出量及其各阶导数均为零，那么系统对输入积分的响应等同于对输入响应的积分，即：

若

$$x(t) \to y(t)$$

则

$$\int_0^t x(t)\mathrm{d}t \to \int_0^t y(t)\mathrm{d}t \tag{4-4}$$

例如，已测得某一物体振动的加速度，便可利用积分特性做数学运算，求得该物体速度以及位移。

4）频率保持性

若输入为某一频率的正弦（余弦）激励，则其稳态输出将有而且也只有该同一频率，即：

若
$$x(t)=x_0 e^{j\omega t}$$

则
$$y(t)=y_0 e^{j(\omega t+\varphi)} \tag{4-5}$$

该性质说明：一个系统如果处于线性工作范围内，当其输入是正弦信号时，它的稳态输出一定是与输入同频率的正弦信号，只是幅值和相位有所变化。若系统的输出信号中含有其他频率成分时，可以认为是外界干扰的影响或系统内部的噪声等原因所造成，应设法予以排除。线性系统的这些主要性质，尤其是频率保持性在动态测试中具有重要作用。

4.2 测试装置的静态特性

4.2.1 静态特性方程和定度曲线

如果测试系统的输入和输出都是不随时间变化或者变化极慢的常量，则式(4-1)中各微分项均为零，于是有

$$y=\frac{b_0}{a_0}x=Sx \tag{4-6}$$

式(4-6)称为系统的静态特性方程。由静态特性方程所确定的图形称为测试系统的定度曲线，也称校准曲线或标定曲线。图4-2是几种典型的定度曲线。理想的定度曲线其输入-输出应呈线性关系，即斜率S(称标度因子)是常数。相应地通过实验所得系统的输入-输出关系曲线则称为实际定度曲线。

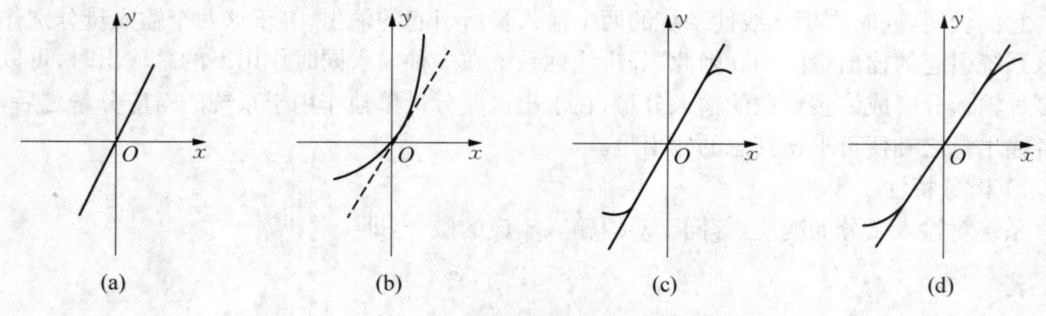

图4-2 几种典型的定度曲线

定度曲线是反映测试装置输入x和输出y之间关系的曲线。一般情况下，输入-输出关系不完全符合理想的线性关系。所以应在进行测试之前或定期求取测量装置的定度曲线，以保证测量结果精确可靠。求取静态定度曲线时，通常以标准量作为输入，测试出对应的输出，根据输入、输出值在坐标图上做出输入-输出曲线。标准量的误差应较所要求的测量误差小一个数量级。

4.2.2 测试装置的主要静态特性参数

根据定度曲线便可以研究测试系统的静态特性。表征系统或装置静态特性的参数主要有灵敏度、非线性度、回程误差、分辨力和漂移等。

1）灵敏度

灵敏度 S 是测试系统静态特性的一个基本参数，定义为测试系统在静态条件下输出增量 Δy 与输入增量 Δx 之比，即

$$S = \frac{\Delta y}{\Delta x} \tag{4-7}$$

对于线性系统，灵敏度就是其直线的斜率，由式(4－6)有

$$S = \frac{\Delta y}{\Delta x} = \frac{y}{x} = \frac{b_0}{a_0} = \text{常量} \tag{4-8}$$

对于非线性系统，灵敏度就是该特性曲线的斜率，即

$$S = \frac{\mathrm{d}y}{\mathrm{d}x} \tag{4-9}$$

例如，某位移传感器在位移变化 1 mm 时，输出电压变化 300 mV，则其灵敏度 $S =$ 300 mV/mm。若测试系统的输出与输入具有相同量纲，其灵敏度就称为该系统的放大倍数。

一般说来，测试装置的灵敏度越高越好，但是灵敏度越高、测量范围就越窄，测量系统的稳定性也就越差。因此，在选择测试装置的灵敏度时，不能单一追求越高越好，而应注意其合理性。

2）非线性度

定度曲线偏离其拟合直线(或称参考直线)的程度称为非线性度，用 δ_f 表示。它是对系统或者装置的输出、输入之间能否像理想特性那样保持线性比例关系的度量。设 A 为装置的标称输出值，即全量程；B_{max} 为定度曲线与该拟合直线的最大偏差，如图 4－3 所示，则非线性度定义为

$$\delta_f = \frac{B_{max}}{A} \times 100\% \tag{4-10}$$

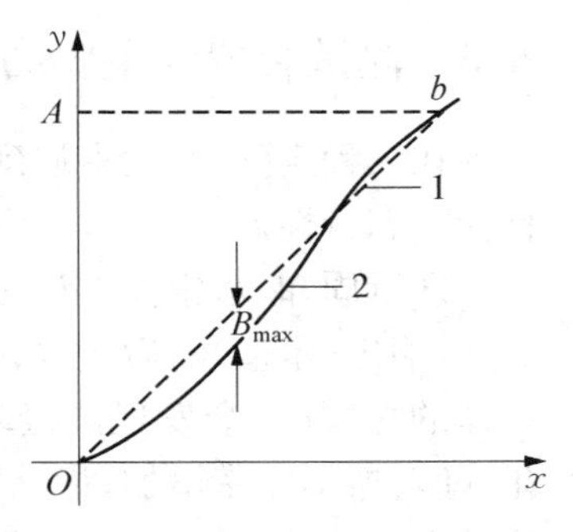

图 4－3　定度曲线与非线性度

由于最大偏差 B_{max} 是以拟合直线为基准计算的，因此采用不同的拟合方法所得的拟合直线不同，最大偏差值亦不同。关于拟合直线究竟如何确定，目前尚无统一标准，但较常用的是一元线性回归方法，即最小二乘法。用这种方法拟合所得的直线，一般应通过 $x = 0$、$y = 0$ 点，其与定度曲线间的偏差 B_i 的均方值最小，即 $\sum_i B_i^2$ 最小。

最简易的方法是作图法，它是用原点与满量程时定度曲线的交点 b 的连线 Ob 来近似作为拟合直线。

测量装置的非线性度越小越好。

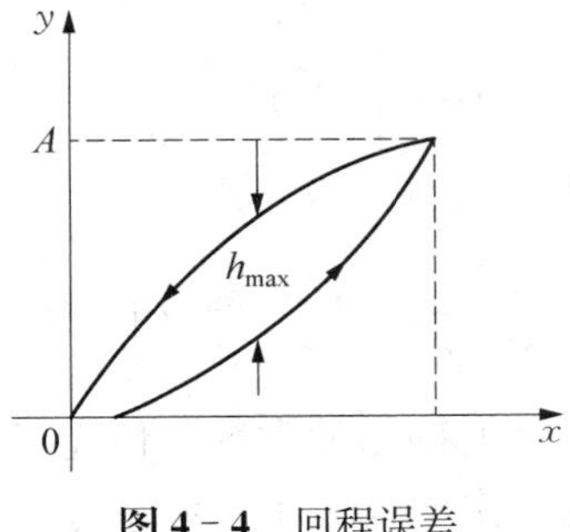

图 4－4　回程误差

3）回程误差

回程误差也叫滞后量或变差。它也是判断实际测试装置的特性与理想装置特性差别的一项指标。如图 4－4 所示，理想装置的输出、输入之间有完全单调的一一对应关系，即输入对应着单一的输出。而实际装置有时会出现当输入由小变大再由大变小时，对同一输入量会得到大小不同的多个输出量。在同样的测试条件下，设 A 为装置的全量程值，h_{max} 为同一输入量所得到

的两个不同输出量之差中的最大值，定义回程误差 δ_t 为

$$\delta_t = \frac{h_{max}}{A} \times 100\% \tag{4-11}$$

图 4－4 曲线由试验确定。显然，回程误差也是越小越好。产生回程误差的原因较多，主要由系统内部各种类型的摩擦、间隙以及某些机械材料（如弹性元件）和电、磁材料（如磁性元件）的滞后特性等引起。

4）分辨力

分辨力是指测试装置所能检测出来的输入量的最小变化值，也称为分辨率或灵敏阈。通常是以最小单位输出量所对应的输入量来表示。一般认为，模拟测试装置的分辨力为指示标尺分度值的一半，数字测试装置的分辨力就是末位数字的一个数码。

5）稳定度和漂移

稳定度是指测试装置在规定条件下保持其测量特性恒定不变的能力，一般是指装置不受时间变化影响的能力。漂移是指测试装置在输入不变的条件下，输出随时间的极慢变化。在规定条件下，输入不变时在规定时间内输出的变化，称为点漂。在测试装置测试范围最低值处的点漂，称为零点漂移，简称零漂。漂移往往是由温度、压力、湿度等环境因素的缓慢变化或者仪器本身性能的不稳定所引起的，最常见的是温度漂移。

4.3 测试装置的主要动态特性参数

在工程实际中，大多遇到的是动态信号，测试系统对于随时间变化的动态信号的响应特性称为动态特性。

众所周知，水银体温计必须在腋下保持足够的时间，其读数才能正确地反映人体温度；换言之，输出（示值）滞后于输入（体温），被称为该装置的时间响应。用机械式惯性测振仪测量振动体的振幅时，会发现当振动的频率很低时，测振仪的指针摆动能够跟踪上振动体的幅值变化，随着振动频率增加，指针摆幅逐渐减小，以至趋于不动。即在高频时不能准确反映其振动量的大小，其原因在于构成测振仪的质量-弹簧系统动态特性不能适应被测量的快速变化。此现象反映了装置对输入的频率响应。时间响应和频率响应是动态测试过程中表现出的重要特征，也是研究测试装置动态特性的主要内容。

测试装置的动态特性是描述输出 $y(t)$ 和输入 $x(t)$ 之间的关系。这种关系在时域内可以用微分方程或权函数表示，在复数域或频率域内可分别用传递函数或频率响应函数表示。

4.3.1 传递函数

若系统的初始条件为零，即在考查时刻以前（$t = 0^-$），其输入量、输出量及其各阶导数均为零，对式（4－1）进行拉普拉斯变换，得

$$(a_n s^n + a_{n-1} s^{n-1} + \cdots + a_1 s + a_0) Y(s) = (b_m s^m + b_{m-1} s^{m-1} + \cdots + b_1 s + b_0) X(s)$$

将输出和输入的拉普拉斯变换之比定义为传递函数，记作 $H(s)$，即

$$H(s) = \frac{Y(s)}{X(s)} = \frac{b_m s^m + b_{m-1} s^{m-1} + \cdots + b_1 s + b_0}{a_n s^n + a_{n-1} s^{n-1} + \cdots + a_1 s + a_0} \tag{4-12}$$

式中，a_n，a_{n-1}，…，a_0 和 b_m，b_{m-1}，…，b_0 是由装置的结构及元器件所确定的常数。传递函数以代数式的形式表征了系统的传输、转换特性。其分母中的 s 的幂次 n 代表了系统微分方

程的阶数。如 n 为 1 或 n 为 2，就分别称为一阶系统或二阶系统的传递函数。

以上介绍的是仅有一个功能环节的传递函数。实际的测量仪器或测试系统可能由若干个一阶、二阶系统通过串联或并联方式组成。此时可以通过机械控制理论中的系统的方块图及其变换求得整个测量系统的传递函数，这里不再叙述。

4.3.2　频率响应函数

传递函数是在复数域中来描述和考查系统的特性的，比起在时域中用微分方程来描述系统特性有许多优点。但是工程中的许多系统却极难建立其微分方程式和传递函数。

频率响应函数是在频率域中描述系统特性的。与传递函数相比较，频率响应易通过实验来建立。利用它和传递函数的关系，由它极易求出传递函数。因此频率响应函数是通过实验研究系统的重要工具。

根据定常线性系统的频率保持性，系统在简谐信号 $x(t)=X_0\sin\omega t$ 的激励下，所产生的稳态输出也是简谐信号 $y(t)=Y_0(\sin\omega t+\varphi)$。这一结论也可从微分方程解的理论得出。此时输入和输出虽为同频率的简谐信号，但两者的幅值并不一样，其幅值比 $A=Y_0/X_0$ 随频率 ω 而变，是 ω 的函数，相位差 φ 也是频率 ω 的函数。

因此，定常线性系统在简谐信号的激励下，其稳态输出信号和输入信号的幅值比被定义为该系统的幅频特性，记为 $A(\omega)$；稳态输出对输入的相位差被定义为该系统的相频特性，记为 $\varphi(\omega)$，两者统称为系统的频率特性。系统的频率特性是描述和分析系统动态特性的主要工具，以下讲述如何获得系统的频率特性。

在式(4-12)中，若取 $s=j\omega$，则相应的传递函数为

$$H(j\omega)=\frac{Y(j\omega)}{X(j\omega)}=\frac{b_m(j\omega)^m+b_{m-1}(j\omega)^{m-1}+\cdots+b_1(j\omega)+b_0}{a_n(j\omega)^n+a_{n-1}(j\omega)^{n-1}+\cdots+a_1(j\omega)+a_0} \tag{4-13}$$

此时，$H(j\omega)$称为测试系统的频率响应函数或频率响应特性，简称频率响应。

输入的傅里叶变换 $X(j\omega)$、输出的傅里叶变换 $Y(j\omega)$和频率特性 $H(j\omega)$都是复数量。任何一个复数 $z=a+\mathrm{j}b$，都可以表达为 $z=|z|\mathrm{e}^{\mathrm{j}\theta}$；其中：$|z|=\sqrt{a^2+b^2}$，相角 $\theta=\arctan(b/a)$。对于频率响应 $H(\mathrm{j}\omega)$ 而言，其模 $A(\omega)=|H(j\omega)|$ 称为测量装置的幅频特性。频率响应 $H(j\omega)$ 的辐角 $\varphi(\omega)=\arg H(\mathrm{j}\omega)$ 称为测量装置的相频特性。

在工程实际中，幅频特性曲线 $A(\omega)-\omega$、相频特性曲线 $\varphi(\omega)-\omega$的纵、横坐标除了取线性标尺外，还常对自变量取对数标尺、对幅值取分贝数，画出 $20\lg A(\omega)-\lg\omega$ 和 $\varphi(\omega)-\lg\omega$ 曲线，分别称为对数幅频特性曲线和对数相频特性曲线，两者总称为伯德(Bode)图，如图 4-5 所示。

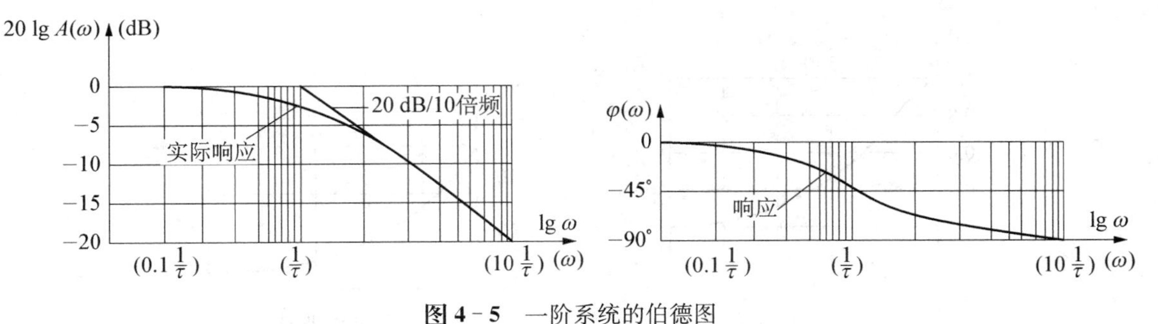

图 4-5　一阶系统的伯德图

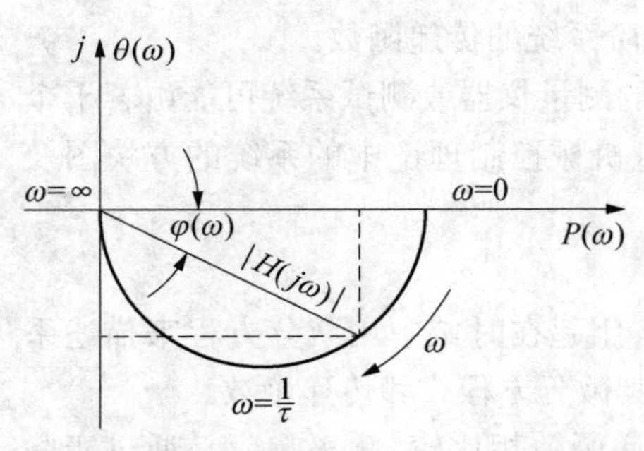

图 4-6 一阶系统的奈魁斯特图

如果将 $H(j\omega)$ 的虚部和实部分别作为纵、横坐标，在此复平面上以模 $A(\omega)$ 作为矢量长度、以辐角 $\varphi(\omega)$ 作为矢量与实轴的夹角，画出的辐相频曲线称为奈魁斯特(Nyquist)图，如图 4-6 所示。

4.3.3 常见装置的传递函数及频率响应特性

本节讨论常见的一阶、二阶测量装置的动态特性。

1) 一阶系统

一阶系统的输入、输出关系用一阶微分方程来描述：

$$a_1 \frac{\mathrm{d}y(t)}{\mathrm{d}t} + a_0 y(t) = b_0 x(t) \tag{4-14}$$

可改写为

$$\tau \frac{\mathrm{d}y(t)}{\mathrm{d}t} + y(t) = Sx(t) \tag{4-15}$$

式中，$\tau = a_1/a_0$ 具有时间的量纲，称为装置的时间常数；$S = b_0/a_0$ 为系统灵敏度。线性系统中，灵敏度 S 为常数，在动态分析中，它只使输出量的数值增至 S 倍而无其他影响，为了讨论的方便，可令 $S = 1$，则式(4-15)可写成

$$\tau \frac{\mathrm{d}y(t)}{\mathrm{d}t} + y(t) = x(t) \tag{4-16}$$

对上式做拉氏变换，得一阶系统的传递函数

$$H(s) = \frac{1}{\tau s + 1} \tag{4-17}$$

一阶系统的频响函数

$$H(j\omega) = \frac{1}{1 + j\tau\omega} \tag{4-18}$$

其幅频特性和相频特性分别为

$$A(\omega) = |H(j\omega)| = \frac{1}{\sqrt{1 + (\tau\omega)^2}} \tag{4-19}$$

$$\varphi(\omega) = \arg H(j\omega) = -\arctan(\tau\omega) \tag{4-20}$$

式(4-20)中负号表示输出信号滞后于输入信号。按式(4-19)、式(4-20)画出的幅频曲线和相频曲线分别见图 4-7a、b，相应的伯德图和奈魁斯特图分别见图 4-5、图 4-6。

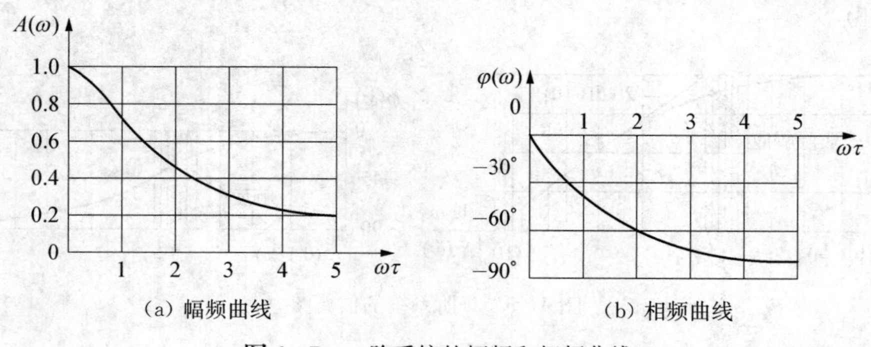

图 4-7 一阶系统的幅频和相频曲线

由一阶系统的伯德图(图 4 - 5)可以看出:

(1) 当激励信号的频率 ω 远小于 $1/\tau$(约 $\omega < \frac{1}{5\tau}$) 时,其 $A(\omega)$ 值接近于 1(误差不超过 2%),输出、输入幅值几乎相等。当 $\omega > (2 \sim 3)/\tau$ 时,即 $\tau\omega \gg 1$ 时,$H(j\omega) \approx 1/(j\tau\omega)$,与之相应的微分方程式为

$$y(t) = \frac{1}{\tau}\int_0^t x(t)\mathrm{d}t$$

即输出和输入的积分成正比,系统相当于一个积分器。故一阶测量装置适用于测量缓变或低频的被测量。

(2) 时间常数 τ 是反映一阶系统特性的重要参数,实际上决定了该装置适用的频率范围。在 $\omega = 1/\tau$ 处,$A(\omega)$ 为 0.707(−3 dB),相角滞后 45°。

2) 二阶系统

二阶系统的输入、输出关系用二阶微分方程来描述:

$$a_2 \frac{\mathrm{d}^2 y(t)}{\mathrm{d}t^2} + a_1 \frac{\mathrm{d}y(t)}{\mathrm{d}t} + a_0 y(t) = b_0 x(t) \tag{4-21}$$

式(4 - 21)可写为

$$\frac{\mathrm{d}^2 y(t)}{\mathrm{d}t^2} + 2\xi\omega_n \frac{\mathrm{d}y(t)}{\mathrm{d}t} + \omega_n^2 y(t) = S\omega_n^2 x(t) \tag{4-22}$$

式中,$\omega_n = \sqrt{\frac{a_0}{a_2}}$ 为系统的固有频率;$\xi = \frac{a_1}{2\sqrt{a_0 a_2}}$ 为系统的阻尼比;$S = b_0/a_0$ 为系统的灵敏度。

为了讨论的方便,约定 $S = 1$,并代入上述参量,用拉氏变换求得方程(4 - 22)所对应的传递函数为

$$H(s) = \frac{\omega_n^2}{s^2 + 2\xi\omega_n s + \omega_n^2} \tag{4-23}$$

相应的频率响应函数

$$H(j\omega) = \frac{1}{1 - \left(\frac{\omega}{\omega_n}\right)^2 + 2\xi j \frac{\omega}{\omega_n}}$$

相应的幅频特性和相频特性分别表示为

$$A(\omega) = \frac{1}{\sqrt{\left[1 - \left(\frac{\omega}{\omega_n}\right)^2\right]^2 + 4\xi^2 \left(\frac{\omega}{\omega_n}\right)^2}} \tag{4-24}$$

$$\varphi(\omega) = -\arctan \frac{2\xi\left(\frac{\omega}{\omega_n}\right)}{1 - \left(\frac{\omega}{\omega_n}\right)^2} \tag{4-25}$$

按上两式画出的二阶系统的幅频和相频曲线如图 4 - 8 所示。

一阶系统的参数 τ 和二阶系统的参数 ω_n、ξ 由系统的结构参数所决定。当测试装置制造、调整完毕后,以上参数也随之确定。它们决定了装置的动态传递特性。例如,对于图 4－9 所示的数控机床的进给伺服系统,位置指令可以看作系统的一个输入,执行机构的位置(角位移或直线位移)是系统的输出。

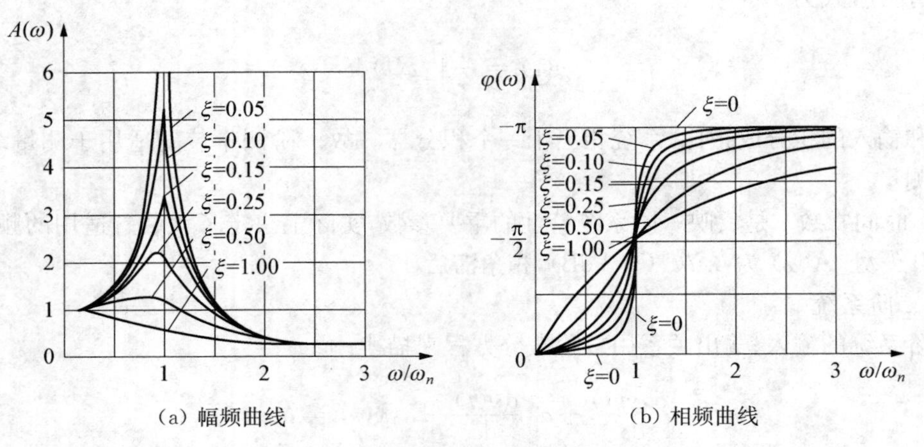

(a) 幅频曲线　　(b) 相频曲线

图 4－8　二阶系统的幅频和相频曲线

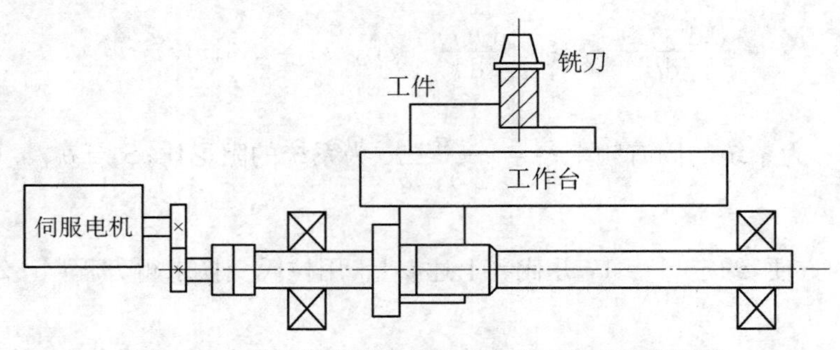

图 4－9　数控机床进给伺服系统机械传动系统简图

对于如图 4－9 所示的机械传动系统,可将其简化为如图 4－10 所示的在电机轴上的一个等效的扭振系统。其中 J_s 为执行部件与各传动部件折算到丝杠上的转动惯量,K_s 为机械传动部件折算到丝杠上的刚度,系统的等效黏性阻尼系数为 f_s,机构的输出角位移为 $\theta_o(t)$,机械传动机构的输入角位移为 $\theta_i(t)$。由此可以推导出系统输出 $\theta_o(t)$与系统输入 $\theta_i(t)$之间的传递函数为

$$G(s)=\frac{\theta_o(s)}{\theta_i(s)}=\frac{K_s}{J_s s^2+f_s s+K_s} \tag{4-26}$$

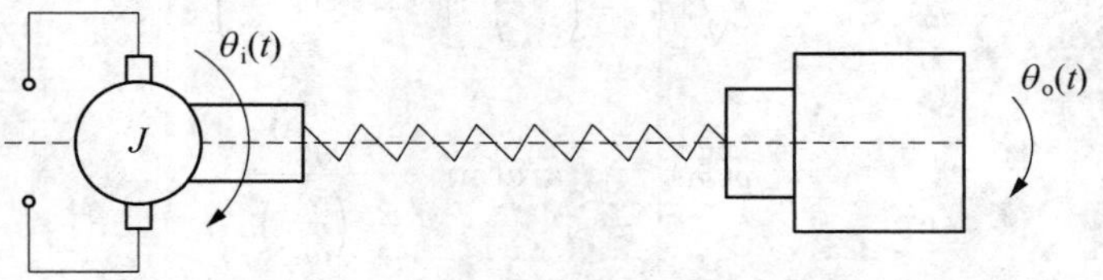

图 4－10　机械传动系统的动力学模型

由式(4-26)知，系统的固有频率为$\omega_n=\sqrt{K_s/J_s}$，系统的阻尼比为$\xi=f_s/(2\sqrt{K_sJ_s})$。因此，数控机床进给伺服系统的动态性能主要由系统的等效黏性阻尼系数f_s、机械传动部件折算到丝杠上的刚度K_s、执行部件与各传动部件折算到丝杠上的转动惯量J_s所决定。通过动态特性知识的学习，即可优化这些设计参数，改善数控机床进给伺服系统的动态性能。

4.4　测试装置实现信号不失真传递的条件

对任何测量装置，总是要求具有好的频率响应特性、高的灵敏度、快速响应和小的时间滞后。但是，全面满足这些要求总是困难的。怎样的频率响应才是理想的呢？

如果信号通过测试系统后不发生任何变化，完全保留了信号的原型，这当然是最理想的结果，但实际上不可能做到。因此，从满足测试的要求出发，所谓信号不失真传递是指系统的输出$y(t)$的波形与输入$x(t)$的波形精确相似，这就保留了输入信号的特征。图4-11反映了输出波形的情况，即输出瞬时幅值的放大倍数为常数，相位滞后一段时间。这两个波形的数学关系可由下式表示：

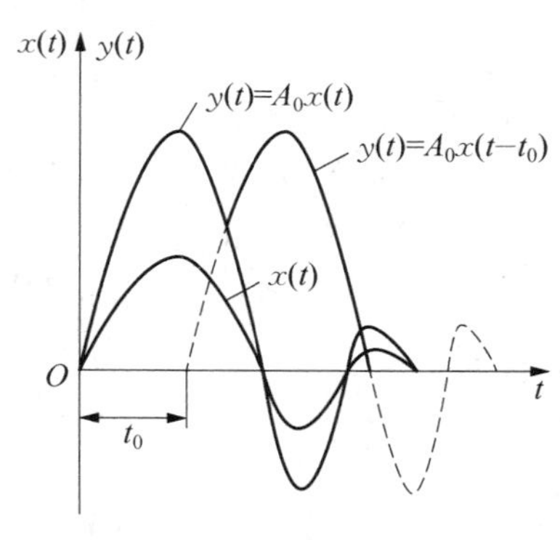

图4-11　波形的不失真复现

$$y(t)=A_0x(t-t_0) \tag{4-27}$$

式中A_0和t_0均为常数。此式表明，该测量装置的输出波形精确地与输入波形相似，只不过对应瞬时值放大A_0倍和滞后t_0时，输出的频谱（幅值谱和相位谱）和输入的频谱完全相似。可见，满足式(4-27)才可能使输出的波形无失真地复现输入波形。

对式(4-27)取傅里叶变换得

$$Y(\omega)=A_0e^{-j\omega t_0}X(\omega)$$

可见，若输出波形要无失真地复现输入的波形，则测量装置的频率响应$H(j\omega)$应当满足

$$A(\omega)=A_0=常数 \tag{4-28}$$

$$\varphi(\omega)=-t_0\omega \tag{4-29}$$

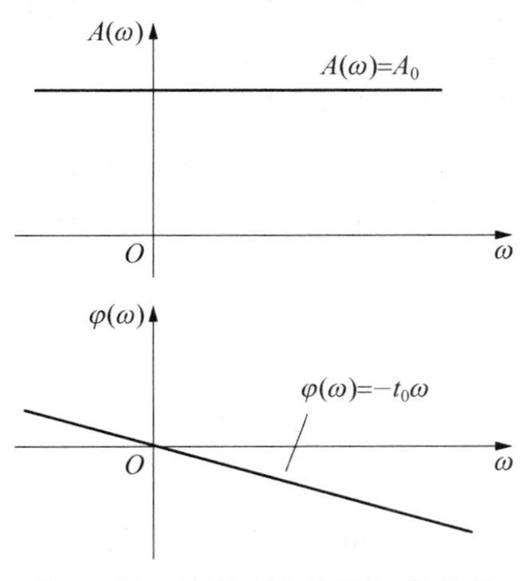

图4-12　满足不失真测试条件的幅、相频特性曲线

$A(\omega)$不等于常数所引起的失真称为幅值失真，$\varphi(\omega)$与ω之间的非线性关系所引起的失真称为相位失真。系统具有如图4-12所示的幅频、相频特性，那么该系统对$x(t)$来说就是信号的不失真传递系统。

实际测量装置不可能在非常宽广的频率范围内都满足式(4-28)和式(4-29)的要求，所以一般既有幅值失真，也有相位失真。图4-13就表示四个不同频率的信号通过一个具有图中$A(\omega)$和$\varphi(\omega)$特性的装置后的输出信号。四个输入信号都是正弦信号（包括直流信号），在某参考时刻$t=0$，初始相角均为零。图中形象地显示出各输出信号相对输入信号有不同的幅值增益和相角滞后。对于单一频率成分的信号，因为定常线性系统具有频率保持性，只要其幅值

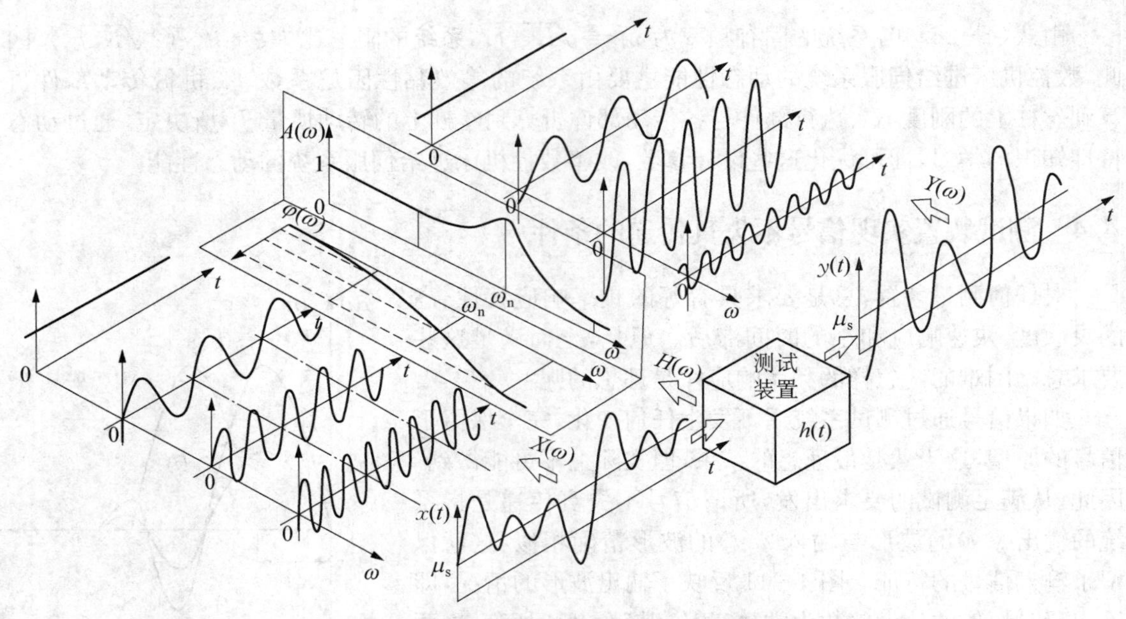

图 4-13 信号中不同频率成分通过测量装置后的输出

未进入非线性区，输出信号的频率也是单一的，也就无所谓失真问题。对于含有多种频率成分的信号，显然既引起幅值失真，也引起相位失真，特别是频率成分跨越ω_n前后的信号失真尤为严重。

对实际的测试装置，即使在某一频段范围内工作，也难以完全理想地实现不失真测试。人们只能努力地把波形失真限制在一定的误差范围内。为此首先要选用合适的测试装置，在测试频率范围内，其幅频、相频特性应接近不失真测试条件。例如，选用示波器时，如果其仪器技术参数中的带宽参数为 2 Hz～20 MHz，表示在该频段内的测量信号可以满足示波器所给出的精确度指标。

对于一阶装置，由于时间常数愈小，装置的响应愈快，由图 4-5 可以看出，近于满足测试不失真条件的频带也越宽。所以，一阶装置的时间常数τ原则上愈小愈好。

对于二阶装置，动态特性的参数有两个，即ω_n及ξ。由图 4-8 可以看出，在特性曲线中$\omega < 0.3\omega_n$范围内，$\varphi(\omega)$的数值较小，且$\varphi(\omega)$-ω特性接近直线。$A(\omega)$在该范围内的变化不超过 10%，可作不失真的波形输出。在$\omega > (2.5 \sim 3.0)\omega_n$范围内，$\varphi(\omega)$接近 180°，且随$\omega$变化很小，如在实测或数据处理中用减去固定相位差值的方法，则也可以接近于不失真地恢复被测的原波形。若输入信号的频率范围在上述两者之间，由于装置的频率特性受ξ的影响较大，因而须作具体分析。分析表明，当$\xi = 0.6 \sim 0.7$时，在$\omega = (0 \sim 0.58)\omega_n$的频率范围中，幅频特性$A(\omega)$的变化不超过 5%，此时相频特性也接近于直线，所产生的相位失真很小，通常将上述数值作为设计装置和选用装置工作范围的依据。

4.5 工程案例

4.5.1 测试装置的静态特性案例

下面以静态校准压力计为例，说明测试装置静态特性测试的方法。

测定静态定度曲线是对测试装置进行静态校准的过程。用标准量作为被校准装置的输入，即可测得相应的输出量，取得输入-输出曲线。为了使定度准确，通常对相同输入量的输出要进行多次测量，求出平均读数，以减少随机误差的影响。将一系列不同的标准输入量和被测得的相应输出量一起列成表，然后标在图上。表 4－1 所示即为静态校准压力计得到的数据表。把这些数据标到图上，得到如图 4－14 所示的结果。

表 4－1 压力计定度测量值

输入压力	测量指示压力(输出)	
6.9×10^3(Pa)	输入增加时测量值	输入下降时测量值
0.000	－1.12	－0.69
1.000	0.21	0.42
2.000	1.18	1.65
3.000	2.09	2.48
4.000	3.33	3.62
5.000	4.50	4.71
6.000	5.26	5.87
7.000	6.59	6.89
8.000	7.73	7.92

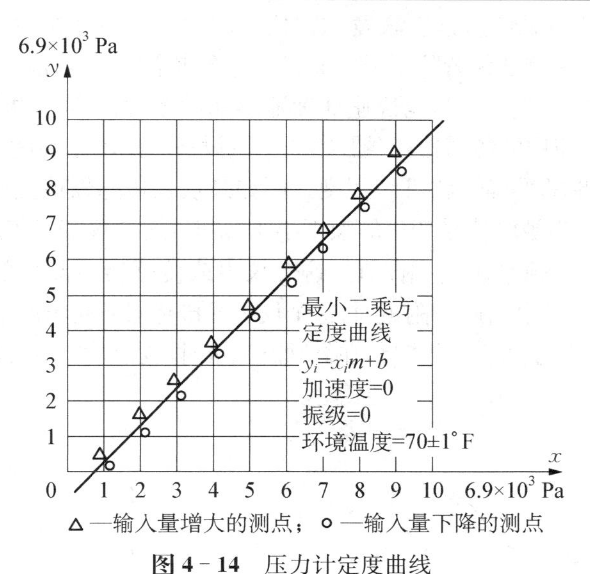

图 4－14 压力计定度曲线

因为测试装置是线性系统，其理想的定度曲线应是直线，因此可按最小二乘法求出定度曲线的斜率 m 和截距 b，则有

$$y_i = mx_i + b \tag{4-30}$$

$$m = \frac{N\sum y_i x_i - (\sum x_i)(\sum y_i)}{N\sum x_i^2 - (\sum x_i)^2} \tag{4-31}$$

$$b = \frac{(\sum y_i)(\sum x_i^2) - (\sum x_i y_i)\sum x_i}{N\sum x_i^2 - (\sum x_i)^2} \tag{4-32}$$

式中，N 为测量数据点数。

根据得到的 m 和 b 值就可以在图上画出定度曲线。根据定度曲线即可确定非线性度、灵敏度和滞后量等静态性能指标。定度时，所用标准量的误差应小于被定度装置允许误差的1/10。当测量装置本身精度较高时，可按 1/3～1/5 选用，但应增加测量次数。

4.5.2　测试装置的动态特性案例

下面以测试装置的动态校准为例，说明测试装置动态特性测试的方法。

描述测试系统动态性能的指标包括时域指标和频域指标两大类。要准确地了解传感器、仪器仪表等测试系统的动态特性，就必须对其进行动态校准。通常情况下，对测试系统进行动态校准的目的有两个：一是为了得到被校准系统的动态数学模型，二是求出被校准测试系统的动态性能指标。需要指出的是，测试系统的动态校准需要符合两个要求：①动态校准系统产生的动态激励信号的频谱必须符合被校准测试系统的要求，这样才能将被校准测试系统的全部模态进行激励，得到系统的真实动态响应。②动态激励信号的幅值也必须符合要求。理想线性传感器与测试系统的动态响应是与激励信号的幅值无关的，但是许多实际测试系统的动态响应与激励信号的幅值有关，例如有的传感器的阶跃响应在阶跃值变化相当大的范围内都是很相似的，也就是说这种传感器在相当大的范围内具有线性特性。有的传感器则相反，阶跃值不同，其阶跃响应也不同，这种传感器只能在一个很小的范围内被看作线性系统。而用于动态校准的传感器与测试系统应该在较宽的幅值范围内具有线性特性。

在实际的测试过程中测试装置除了对静态信号进行检测外，不可避免地要对随时间变化的动态输入信号进行检测，这就要求其能快速准确地感知动态输入信号的变化并能实现不失真的测量。而在动态测试中使用的传感器、仪器仪表、记录设备等的动态性能是否符合动态测试的要求，将直接影响测量结果的准确性和可信程度。例如某仪表传感器或测试系统的幅频特性曲线 $A(\omega)$ 如图 4－15 所示。当被测信号变化的频率小于 ω_1 时，这个仪表或传感器能准确地反映被测信号。当被测信号的变化频率在 ω_2 附近时，这个仪表或传感器所测出的信号远远大于真实信号。而当被测信号的变化频率在 ω_3 附近时，这个仪表或传感器所测出的信号远远小于真实信号。如果不注意仪表和传感器的动态性能指标，在做动态测量时，测量结果的误差可能会非常大。

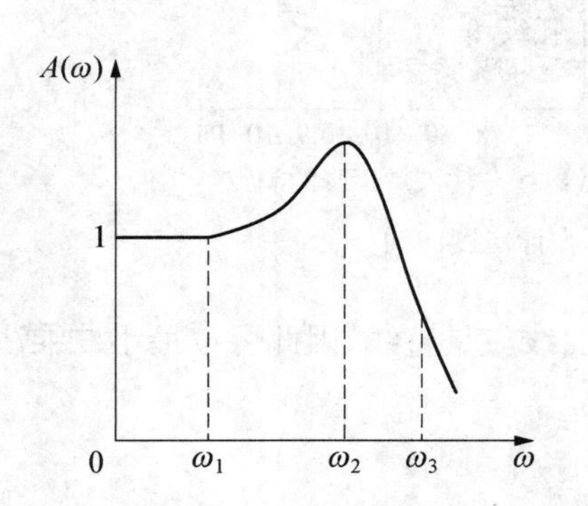

图 4－15　某测试系统幅频特性曲线 $A(\omega)$

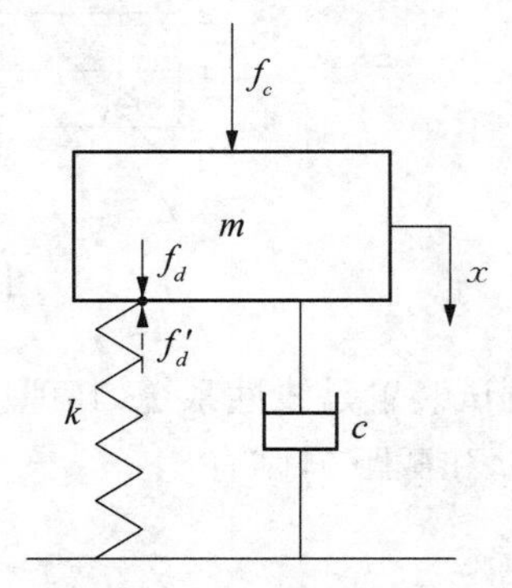

图 4－16　测力仪力学模型

下面以测力仪为例，介绍一下测试系统动态校准的案例。当被测力 f_c 作用于测力仪的弹性体上时，会引起测力仪弹性体的变形，并输出相应的弹性力 f_d。为使得输出弹性力 f_d 不失真地反映被测量 f_c，必须首先对测力装置进行动力学分析。大多数测力仪可简化为如图4－16所示单一自由度振动系统的力学模型，其中 m、k、c 分别为系统的等效质量、等效刚度和等效阻尼系数。

当被测力 f_c 作用于测力仪上时，引起弹性元件的变形量为 x，则其输出的弹性力 $f_d = kx$（如图 4-16 所示，图中 f_d' 为弹簧作用于等效质量块的反作用力）。若测力仪安装在刚体上时，则该系统的运动方程为

$$m\ddot{x} + c\dot{x} + kx = f_c \tag{4-33}$$

假设被测量为正弦信号，即 $f_c = F_c \sin \omega t$，上式可以表示为

$$m\ddot{x} + c\dot{x} + kx = F_c \sin \omega t \tag{4-34}$$

此微分方程的稳态解为

$$x = \frac{F_c}{k} \frac{1}{\sqrt{(1-\eta^2)^2 + 4\zeta^2\eta^2}} \sin(\omega t + \varphi) \tag{4-35}$$

式中，$\varphi = -\arctan \frac{2\zeta\eta}{1-\eta^2}$，$\eta = \frac{\omega}{\omega_n}$，$\omega_n = \frac{k}{m}$ 为测力仪的固有频率，$\zeta = \frac{c}{2km}$ 为测力仪的阻尼系数。

由式(4-35)可得，测力仪的输出可以表示为

$$f_d = kx = \frac{F_c}{\sqrt{(1-\eta^2)^2 + 4\zeta^2\eta^2}} \sin(\omega t + \varphi) \tag{4-36}$$

可见，测力仪的输出 f_d 与设定的输入 f_c 相比，既有幅值误差也有相角误差，而且都是被测力频率的函数。只有当 $\eta \ll 1$[此时，$(1-\eta^2)^2 + 4\zeta^2\eta^2 \approx 1$]，也就是被测力 f_c 的频率远小于测力仪的固有频率时，其输出才基本接近被测动态力，即测力仪的动态误差较小。

思考与练习

1. 求周期信号 $x(t) = 0.5\cos 10t + 0.2\cos(100t - 45°)$ 通过传递函数为 $H(s) = \frac{1}{0.005s+1}$ 的装置后得到的稳态响应。

2. 用图 4-17 所示装置去测周期为 1 s、2 s 和 5 s 的正弦信号，问幅值误差是多少？($R = 350\ \text{k}\Omega$, $C = 1\ \mu\text{F}$)

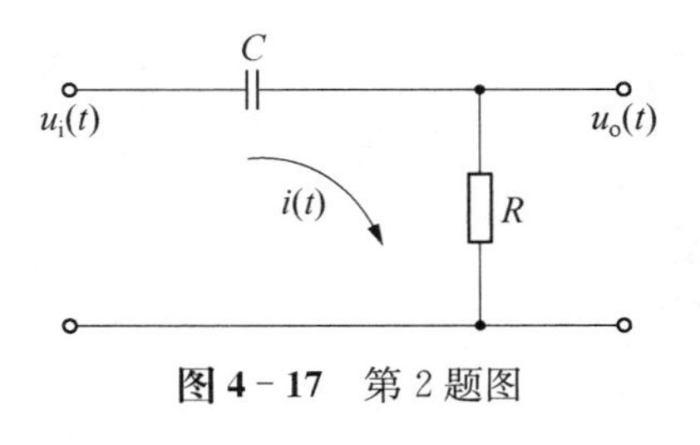

图 4-17　第 2 题图

3. 气球携带一时间常数 $\tau = 15$ s 的一阶温度计并以 5 m/s 的速度通过大气层，设温度随所处的高度按每升高 30 m 下降 0.15 ℃ 的规律变化，气球将温度和高度的数据用无线电传回地面。在 3 000 m 处所记录的温度为 −1 ℃，试求实际出现 −1 ℃ 的真实高度及在 3 000 m 处的真实温度。

4. 试求传递函数为 $\frac{1.5}{3.5s+0.5}$ 和 $\frac{41\omega_n^2}{s^2+1.4\omega_n s+\omega_n^2}$ 的两个环节串联后组成的系统的总灵敏度。

5. 用一个一阶系统作 100 Hz 正弦信号的测量，如果要求限制振幅误差在 5% 以内，则时间常数应取多少？若用具有该时间常数的同一系统作 50 Hz 正弦信号的测试，求此时正弦振

幅误差和相角差。

6. 设一力传感器可作为二阶环节处理，已知传感器的固有频率 $f_n = 800\ \text{Hz}$，阻尼比 $\xi = 0.14$，用其测量正弦变化的外力，频率 $f = 400\ \text{Hz}$，求振幅比 $A(\omega)$ 及相角差 $\varphi(\omega)$。若 $\xi = 0.7$ 时，则 $A(\omega)$ 和 $\varphi(\omega)$ 将改变为何值？

7. 如图 4-18 所示，一个可视为二阶系统的装置输入一单位阶跃函数后，测得其响应中产生了数值为 0.15 的第一个超调量峰值。同时测得其振荡周期为 6.28 ms。已知该装置的静态增益为 3，试求该装置的传递函数和该装置在无阻尼固有频率处的频率响应。

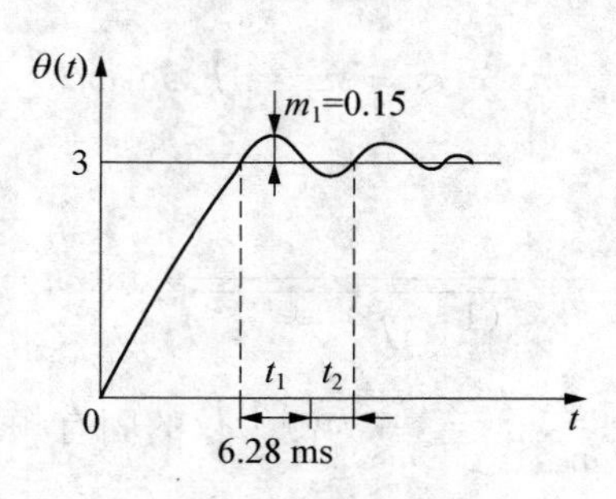

图 4-18　第 7 题图

8. 某一阶线性装置输入一阶跃信号，其输出在 2 s 内达到输入信号最大值的 20%，试求：(1)该装置的时间常数 τ；(2)经过 40 s 后的输出幅值。

9. 某线性装置：$A(\omega) = \dfrac{1}{\sqrt{1 + 0.01\omega^2}}$，$\varphi(\omega) = -\arctan 0.1\omega$，现测得该装置的稳态输出是 $y(t) = 10\sin(30t + 45°)$，试求该装置的输入信号 $x(t)$。

第5章

常用测量传感器

◎ **学习成果达成要求**

传感器是将被测量转换成某种电信号的器件，其性能将直接影响着整个测试装置的精度和可靠性，掌握传感器的原理及特点对于使用传感器具有重要的作用。

学生应达成的能力要求包括：

可以根据测量任务的具体要求和现场的实际情况，综合考虑传感器的动态性能、精度以及对使用环境的要求等多种因素正确地选用传感器。

测试过程是从被研究的客观事物中提取信息的过程，是人们感知客观世界中各种信号，并对其进行分析处理的过程。人的感觉器官虽然能够感知许多信号，但限于能力，人们必须借助某些装置来扩大自身感知客观事物的能力，这些装置就是传感器。准确地说，传感器是把被测量（物理量、化学量、生物量等）转换成与之相对应的，容易检测、传输或处理的信号（一般为电量）的装置。

传感器处于测试装置的输入端，其性能将直接影响着整个测试装置的精度和可靠性。本章将重点介绍机械工程测试中几种常用的传感器及其变换原理。

5.1 常用传感器概述

5.1.1 传感器的定义与组成

按国家标准 GB/T 7665—2005，将传感器定义为“能感受被测量并按照一定的规律转换成可用输出信号的器件或装置，通常由敏感元件和转换元件组成”，其组成框图如图5-1所示。敏感元件是指能够灵敏地感受被测变量并做出响应的元件，是传感器中能直接感受被测量的部分，如应变式压力传感器的弹性膜片就是敏感元件，其作用是将压力转换为弹性膜片的变形。转换元件是指传感器中能将敏感元件输出转换为适于传输和测量的电信号（或其他信号）的部分。

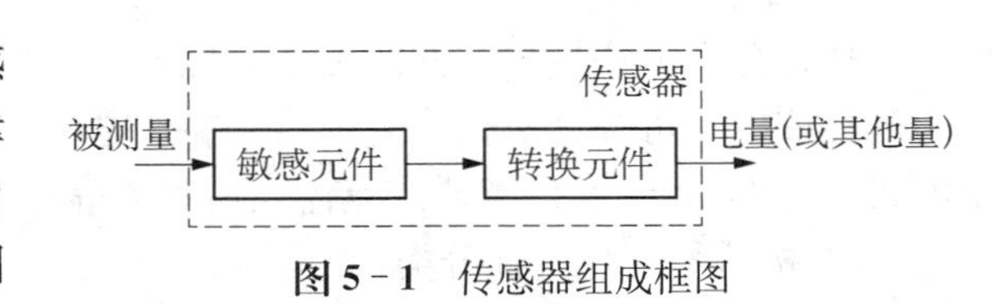

图5-1 传感器组成框图

按上述传感器的定义，我们可理解为传感器是一种以一定的精确度把被测量转换为与之有确定对应关系的、便于计量的某种物理量的测量装置，它包含以下几个方面的含义：

(1) 传感器是测量装置，能完成被测量的检测任务；

(2) 传感器的输入量是某一被测量，可能是物理量，也可能是化学量或生物量等；

(3) 传感器的输出量是某种便于传输、转换、处理或显示的物理量，可以是电、光、气等物理量，但以电量为主；

(4) 传感器的输入输出之间有确切的对应关系，并且应有一定的精确度。

传感器的组成有简有繁，且多数为开环系统，但也有带反馈的闭环系统。最简单的传感器由一个敏感元件(兼转换元件)组成，它将感受的被测量直接输出(如热电偶温度传感器)。有的传感器有敏感元件和转换元件，其转换电路可与转换元件组装在一起，或置于传感器之外，但不论置于何处，只要它是起转换输出信号的作用，仍为传感器的组成部分。无论是简单还是复杂的测量系统，传感器都位于整个测量系统的前端，其性能直接影响整个测量系统的性能。

5.1.2 传感器的作用

在现代工业生产尤其是自动化生产过程中，需要用各种传感器来监视和控制生产过程中的各个参数(如力、压力、加速度、位移、温度等)，使设备工作在正常状态或最佳状态，并使产品达到最好的质量。

在基础学科研究中，同样需要各类传感器来获取大量的人类感官无法直接获取的信息。许多基础科学研究的障碍，首先就在于对象信息的获取存在困难，而一些新机理和高灵敏度的检测传感器的出现，往往会导致该领域内的突破。一些传感器的发展，往往是一些边缘学科开发的先驱。

此外，传感器早已渗透到诸如人们的日常生活、工业生产、宇宙开发、海洋探测、环境保护、资源调查、医学诊断、生物工程甚至文物保护等极其之泛的领域。可以毫不夸张地说，从茫茫的太空到浩瀚的海洋，以至各种复杂的工程系统，几乎每一个现代化项目，都离不开各种各样的传感器。

由此可见，传感器技术在发展经济、推动社会进步方面的重要作用是十分明显的。

5.1.3 传感器的分类

传感器的品种很多，原理各异，检测对象门类繁多，因此其分类方法甚繁，至今尚无统一规定。一般来说，传感器大致有如下几种分类方法。

1) 按被测量分类

这种分类方法是按被测量的不同对传感器进行划分。按照被测量所属性质的不同，可以将传感器分为物理量传感器、化学量传感器和生物量传感器三大类。此外，根据被测量本身的不同，还可以将传感器细分为力传感器、加速度传感器、位移传感器、温度传感器、湿度传感器、速度传感器、流量传感器、声压传感器等以被测量命名的传感器。

2) 按工作原理分类

这种分类方法按传感器的工作原理划分，将物理、化学、生物等学科的原理、规律、效应作为分类依据。可分为机械式传感器，电阻、电容、电感式传感器，磁电、压电与热电式传感器，光电式传感器，光学式传感器及流体式传感器等。

3) 按信号变化特征分类

这种方法是按照被测信号转换的形式不同进行分类，可以分为结构型传感器与物性型传感器两大类。

结构型传感器是基于某种敏感元件的结构形状或几何尺寸(如厚度、角度等)的变化来感受被测量。如电容式加速度传感器，当被测加速度作用于电容的动极板上时，动极板产生位移而使电容发生改变，从而测量出加速度的大小。

物性型传感器是利用传感器的敏感功能材料本身所具有的内在特性及效应的变化来感受被测量，如压电原理力传感器就是利用石英晶体的压电效应实现力的测量。

4）按输出信号分类

这种分类方法主要依据传感器的输出信号进行划分，可分为模拟型传感器和数字型传感器。

模拟型传感器是将被测量的非电学量转换成模拟电信号，其输出为连续变化的模拟信号，如加速度传感器输出连续变化的电压信号。

数字型传感器是将被测量的非电学量转换成数字输出信号（包括直接和间接转换），其输出为1或0两种电平信号，如光电式接近开关检测不透明的物体，当物体位于光源和光电器之间时，光路阻断，此时，光电器输出高电平1；当物体离开后，光电器导通，此时输出低电平0。

5）按能量关系分类

这种方法是按照敏感元件与被测量之间的能量关系进行分类，可分为能量转换型传感器（无源传感器）和能量控制型传感器（有源传感器）。

能量转换型传感器是直接将被测量转换为电信号（电压等），如热电偶温度传感器、压电式传感器等。

能量控制型传感器是先将被测量转换为电参量（电阻等），在外部辅助电源作用下才能输出电信号，如电阻应变式传感器或电容传感器等。

6）新型传感器

计算机技术、互联网和物联网技术、微/纳机电系统技术、信息理论等的发展，对传感器的性能提出了越来越高的要求，传感器也逐渐朝着微型化、智能化和多功能化发展。在新的技术背景下，出现了智能化传感器、多功能传感器及微型传感器等新型的传感器类型。

智能化传感器是带有微处理器的传感器，该类传感器是微型计算机与传感器的集成产物，它兼有检测、判断、信息处理和通信、存储等功能。主要由主传感器、辅助传感器及微计算器等硬件设备构成。

多功能传感器是指能同时检测两种及两种以上被测量的传感器。通常，多功能传感器由若干种不同的敏感元件构成，可以借助于敏感元件的不同物理或化学原理及不同的表征方法，用一个单独的传感器同时测量多种参数。例如可以将温度敏感元件和湿度敏感元件配置在一起制造成一种新的传感器，同时实现温度和湿度的测量。

微型传感器是在微纳技术与微/纳机电系统技术背景下产生的一类新型传感器，是微电子技术与传统传感器技术相结合的产物。通常情况下，它采用与标准半导体工艺兼容的材料，用微纳加工技术制备而成。微型传感器具有微型化、智能化、低功耗、易集成等特点，正得到越来越广泛的关注和应用。

5.1.4　传感器的选择

如前所述，传感器位于整个测量系统的前端，其性能好坏直接影响着整个测量系统的性能。因此，如何合理地选用与被测量相适应的传感器是保证得到精确测量结果的关键因素。

1）选用传感器应考虑的因素

（1）与测量条件有关的因素，如传感器安装的空间、位置、信号需要传输的距离、静态测试还是动态测试等。

（2）与传感器有关的因素，如传感器测量范围、灵敏度、频率响应等。

（3）与使用环境有关的因素，如露天、室内、温度、湿度、水下、是否恒温等。

（4）与购买和维护有关的因素，如传感器的购买价格、维护与使用成本、使用寿命等。

2）选择传感器的步骤

（1）根据被测量选择合适的传感器类型，如压电原理传感器、应变原理传感器。

(2) 选择传感器的测量范围。
(3) 选择传感器的灵敏度。
(4) 选择传感器的频率响应。
(5) 选择传感器的测量分辨率。
(6) 选择传感器的工作温度。
(7) 选择传感器的尺寸及重量。
(8) 选择传感器的测量精度(或线性度)。
(9) 选择传感器的迟滞。
(10) 选择传感器的安装方式。
(11) 选择传感器的标定周期与成本等。

5.2 电阻应变式传感器

5.2.1 电阻应变式传感器的工作原理

电阻应变式传感器是利用电阻应变效应制成的传感器,是将被测量转换为电阻变化的传感器。电阻应变式传感器因其具有体积小、响应速度快、测量精度高等优点已得到广泛应用,可实现力、加速度、力矩、位移等物理量的测量。

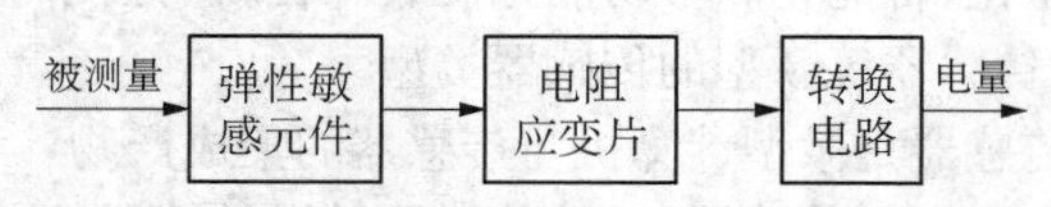

图 5-2 电阻应变式传感器测量原理框图

电阻应变式传感器通常由电阻应变片和敏感元件组成。当被测量作用于弹性敏感元件时,弹性敏感元件发生变形并引起电阻应变片电阻值的变化,通过转换电路将其转变成电量输出,输出电量大小反映了被测物理量的大小。图5-2给出了电阻应变式传感器的测量原理框图。

电阻应变式传感器可分为金属电阻应变片式与半导体应变片式两类。

1) 金属电阻应变片

常用的金属电阻应变片有丝式、箔式和薄膜式等。其工作原理是基于电阻的应变效应,即当电阻应变片受被测量影响发生机械变形时,其电阻率、长度和截面积都将发生变化,进而引起电阻应变片阻值的变化。

金属丝式电阻应变片使用广泛,其由敏感栅(电阻丝)、基底、盖层、引线和粘结剂组成,其典型结构如图 5-3 所示。将一根具有高电阻率的金属丝(通常为康铜或镍铬合金等,直径

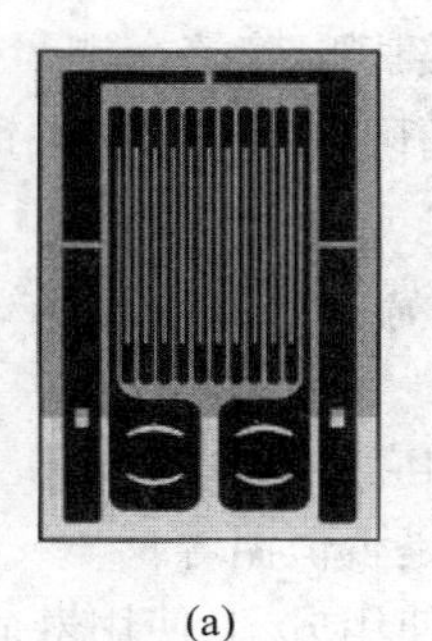

(a)

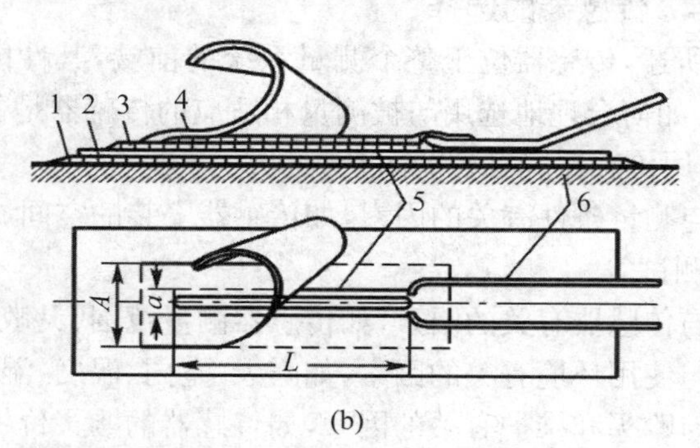

(b)

图 5-3 典型金属电阻丝应变片(a)及其结构示意图(b)

1—粘结剂；2—基片；3—粘合层；4—覆盖层；5—敏感栅；6—引出线

0.025 mm左右)绕成栅状,粘贴在绝缘的基片和覆盖层之间,并由引出导线接于电路上。

金属箔式电阻应变片则是由很薄的金属箔片代替栅状的金属电阻丝制成。它是在合金箔(康铜箔或镍铬箔)的一面涂胶形成胶底,然后在箔面上用光学腐蚀成形法制成的,所以其几何形状和尺寸非常精密,箔片的厚度只有 0.003～0.10 mm,其线条均匀,尺寸准确,金属箔片的电阻一致性好。与金属丝式电阻应变片相比,金属箔式应变片散热性、粘结情况、应变传递性能都较好,横向效应系数也较低。此外采用光刻技术制作,适合于大批量生产。

将电阻应变片用特殊的胶水粘贴在弹性元件或需要测量变形的物体表面上,在外力作用下,应变片随该物体一起变形,其电阻值发生相应变化,此时将被测量转变为电阻值的变化。那么,电阻应变片的电阻变化与变形量之间存在什么关系呢?下面以如图 5-4 所示的单根电阻丝为例,来推导出两者之间的关系。

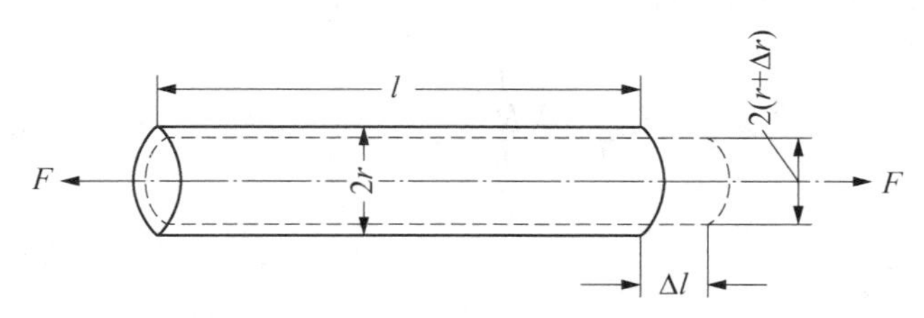

图 5-4　单根电阻丝受拉后的电阻应变效应图

设有一长为 l、截面积为 A、电阻率为 ρ 的导电金属丝,它的初始电阻由下式确定,即

$$R=\rho\frac{l}{A} \tag{5-1}$$

当导电金属丝受到轴向力 F 的拉伸(或压缩)作用后,其长度 l 增加(或减小)Δl,截面积 A 缩小(或增加)ΔA,同时由于金属丝内的原子因几何变形而剧烈振动,阻碍电子流动的阻力增加,因而电阻率 ρ 也增加 $\Delta\rho$。由式(5-1)可知,金属丝的长度、截面积、电阻率中任何一个参数的变化都将会引起金属丝电阻值的变化,当每个可变参数分别有一个增量 $\mathrm{d}l$、$\mathrm{d}A$ 和 $\mathrm{d}\rho$ 时,所引起的电阻变化为

$$\mathrm{d}R=\frac{\partial R}{\partial l}\mathrm{d}l+\frac{\partial R}{\partial A}\mathrm{d}A+\frac{\partial R}{\partial \rho}\mathrm{d}\rho \tag{5-2}$$

其中,$A=\pi r^2$,r 为电阻丝的半径,将其代入式(5-2)后可得

$$\mathrm{d}R=R\left(\frac{\mathrm{d}l}{l}-\frac{2\mathrm{d}r}{r}+\frac{\mathrm{d}\rho}{\rho}\right) \tag{5-3}$$

式中,$\frac{\mathrm{d}l}{l}=\varepsilon$ 为金属丝轴向线应变,也称为纵向应变;$\frac{\mathrm{d}r}{r}$为电阻丝径向相对变形,也称为横向应变;$\frac{\mathrm{d}\rho}{\rho}$为电阻丝电阻率的相对变化。

假设电阻丝的体积保持不变,当电阻丝沿轴向伸长时,必沿径向缩小,两者之间的关系可以表示为

$$\frac{\mathrm{d}r}{r}=-\mu\frac{\mathrm{d}l}{l}=-\mu\varepsilon \tag{5-4}$$

式中，μ 为金属丝的泊松比。

将式(5-4)代入式(5-3)可得

$$\frac{\mathrm{d}R}{R}=\varepsilon+2\mu\varepsilon+\frac{\mathrm{d}\rho}{\rho} \tag{5-5}$$

对于同一电阻丝材料，电阻丝的电阻率随应变的变化很小，可以忽略不计，所以上式可简化为

$$\frac{\mathrm{d}R}{R}=\varepsilon+2\mu\varepsilon=(1+2\mu)\varepsilon \tag{5-6}$$

式(5-6)表明了电阻相对变化率与应变成正比，且呈线性关系。通常，用 S_g 来表征电阻应变片的应变系数或灵敏度系数，即

$$S_g=\frac{\frac{\mathrm{d}R}{R}}{\frac{\mathrm{d}l}{l}}=1+2\mu \tag{5-7}$$

此外，上式还可以表示为

$$\frac{\mathrm{d}R}{R}=S_g\varepsilon \tag{5-8}$$

式(5-8)就是反映单根电阻丝受拉力 F 作用时，应变 ε 与电阻变化率 $\mathrm{d}R/R$ 关系的特性方程式，即电阻应变片的金属丝在力 F 的作用下，在产生应变的同时，要产生相应的电阻变化率。电阻应变片式传感器就是利用这一转换原理而进行测量的。用于制造电阻应变片的电阻丝的灵敏度 S_g 多在 1.7～3.6 之间。

2) 半导体应变片

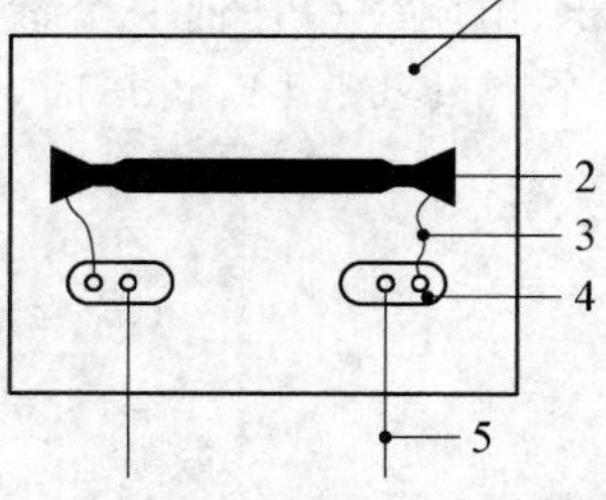

半导体应变片的工作原理是基于半导体材料的压阻效应，即单晶半导体在沿某一轴向受到外力作用时，其电阻率 ρ 会发生明显变化，从而使电阻值发生变化的现象。和金属丝电阻应变片一样，半导体应变片也需要使用特殊的胶水将应变片粘贴在弹性体上，当弹性体受到外力作用产生应变时，粘贴在弹性体上的半导体应变片电阻值将随弹性体的变形而变化，从而间接地感受被测外力。利用半导体应变片可制作成测量力、压力、扭矩、加速度等物理量的传感器。图 5-5 为一典型的半导体应变片结构。

图 5-5 半导体应变片典型结构

1—胶膜衬底；2—P-Si；3—内引线；4—焊接板；5—外引线

由半导体物理可知，半导体在压力、温度及光辐射作用下，其电阻率 ρ 将发生很大的变化。由压阻效应，可得

$$\frac{\mathrm{d}\rho}{\rho}=\lambda\sigma=\lambda E\varepsilon \tag{5-9}$$

式中，E 为半导体材料的弹性模量；λ 为压阻系数，其值与材料有关。

将式(5-9)带入式(5-5)可得

$$\frac{\mathrm{d}R}{R}=\varepsilon+2\mu\varepsilon+\lambda E\varepsilon=(1+2\mu)\varepsilon+\lambda E\varepsilon \tag{5-10}$$

式(5-10)中，$(1+2\mu)\varepsilon$ 项由几何尺寸变化引起，$\lambda E\varepsilon$ 是由于电阻率变化而引起的。对半导体而言，后者远远大于前者，它是半导体电阻应变片电阻变化的主要成分，所以式(5-10)可简化为

$$\frac{\mathrm{d}R}{R}\approx\lambda E\varepsilon \tag{5-11}$$

因此，半导体电阻应变片的灵敏度可以表示为

$$S_{\mathrm{g}}=\frac{\mathrm{d}R}{R}/\varepsilon\approx\lambda E \tag{5-12}$$

这一数值比金属丝电阻应变片大50～70倍。

不同的半导体材料，不同的载荷施加方向，压阻效应不同，灵敏度也不同，目前使用最多的是单晶硅半导体。半导体应变片的最突出优点是灵敏度高，机械滞后小，横向效应小及本身体积小，这扩大了半导体应变片的使用范围。但是半导体应变片的温度稳定性差、灵敏度离散大，同时在较大的应力作用下非线性误差大，而且可重复性不如金属应变片，这些缺点给半导体应变片的使用带来一定的困难。

从上述分析可知，金属丝电阻应变片与半导体应变片的主要区别在于，金属丝电阻应变片是利用导体形变引起电阻的变化(应变效应)，而半导体应变片是利用半导体的电阻率变化而引起电阻的变化(压阻效应)。

5.2.2 应变片的主要参数

(1) 电阻值 R：应变片的原始电阻值，常用的应变片电阻有60 Ω、120 Ω、350 Ω、500 Ω和1 000 Ω五种。

(2) 灵敏度系数 S_{g}：表示应变片变换性能的重要参数，是指被测试件上的应变片在受到单向应力时引起的电阻相对变化率 $\mathrm{d}R/R$ 与由此单向应力引起的试件表面轴向应变 ε 之比，即

$$S_{\mathrm{g}}=\frac{\mathrm{d}R/R}{\varepsilon} \tag{5-13}$$

应变片灵敏度系数的大小与敏感栅的材料和几何尺寸、基底材料、工艺等有关。

(3) 横向效应系数 H_{g}：电阻应变片的横向效应系数是指应变片的横向灵敏度系数与纵向灵敏度系数的比值，常用百分数表示。横向效应系数的大小通常与电阻应变片的材料、敏感栅的形状和几何尺寸、制造工艺等有关。

(4) 其他表示应变片性能的参数包括工作温度、机械滞后、零漂及疲劳寿命、蠕变等。

5.2.3 电阻应变片的选择与粘贴技术

电阻应变片的粘贴质量对测量结果的精度影响很大，是一个非常关键的环节，必须予以注意。另外电阻应变片不能重复使用，因此电阻应变片的粘贴要尽可能一次成功。应变片的粘贴步骤如下：

(1) 选择应变片的规格和形式。要注意被测构件的材料性质和构件的应力状态。在确定应变片类型后要逐片进行外观检查，目测电阻应变片有无折痕等缺陷，如应变片丝栅是否平

直，片内有无气泡、锈斑点等，有缺陷的应变片不能使用。同时，用数字万用表测量应变片电阻值的大小，如同一电桥中各应变片之间阻值相差不得大于±0.5 Ω。

(2) 表面清洁处理。贴片处用细砂纸打磨干净，用酒精棉球反复擦洗贴片处，直到无黑迹为止。

(3) 粘贴。在应变片基底上均匀涂上专用粘贴剂，并将应变片放置在应变片贴片位置，在应变片上面盖一层聚乙烯塑料薄膜作为隔层，用手指在应变片长度方向上轻轻滚压，挤出片下气泡和多余的胶水，直到应变片与被测结构紧密粘合为止，手指保持不动约 10 s 后再放开，注意不要使应变片移动。

(4) 焊线。用电烙铁将应变片的引线焊接到导引线上。导线的选用应当根据使用的环境来确定，如在强电磁干扰环境及动态应变测量时需要选用屏蔽线。焊接前先用万用表检查导线是否断路，然后在每根导线的两端贴上标签，避免测点多时造成差错。

(5) 绝缘检查。用兆欧表检查应变片与试件之间的绝缘性能，应大于 500 MΩ。

(6) 应变片保护。用 704 硅橡胶覆盖于应变片上，防止受潮。

5.2.4 电阻应变片的标定

电阻应变片的应变效应基本关系式为

$$\frac{\Delta R}{R} = S_g \varepsilon \tag{5-14}$$

S_g 是电阻应变片的灵敏度，即当电阻应变片粘在被测试件上，应变片在单向力作用下，电阻的相对变化与试件测点应变片的应变比值。正确地对电阻应变片进行标定，确定其灵敏度，对测试的结果有直接的影响。对电阻应变片进行标定时，需要保证载荷的作用点与作用方向和结构实际承受的载荷的作用点与作用方向一致，否则无法保证测量精度，有时还有可能给出完全错误的结果。

5.2.5 电阻应变式传感器应用实例

电阻应变式传感器可以有以下两种应用方式：

(1) 直接用于测量结构的应变或应力，如为了研究机械、桥梁、建筑等构件在工作状态下的受力或变形情况，可利用不同形状的应变片，贴在构件的预定部位，从而测量出构件的拉、压应力，扭矩或弯矩等，为结构设计、应力校核或构件破坏提供可靠的实验数据。

(2) 间接测量结构的力、力矩、加速度等物理参数。将应变片粘贴在弹性元件上，作为测量力、位移、压力、加速度等物理参数的传感器。在这种情况下，弹性元件得到与被测量成正比的应变，再由应变片转换成为电阻的变化。

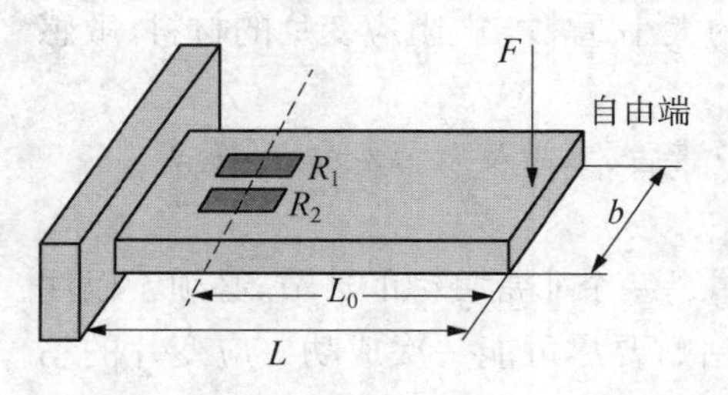

图 5-6 等截面悬臂梁式力传感器结构

1) 等截面悬臂梁式力传感器

图 5-6 是一等截面悬臂梁式力传感器结构，悬臂梁的横截面积处处相等，所以称等截面梁。当外力 F 作用在梁的自由端时，固定端产生的应变最大，所以应该将电阻应变片粘贴于此，实现被测力的测量。根据材料力学理论，粘贴在此的应变应该为

$$\varepsilon = \frac{6FL_0}{bh^2E}$$

式中，L_0 为应变片中心至梁自由端距离；b、h 分别为梁的宽度和梁的厚度；E 为梁的弹性模量。

利用电阻应变片阻值的变化可以得到电阻应变片粘贴位置处的应变，进而通过应变与外力之间的关系，实现被测力的测量。

2）钻削力传感器

钻削力是机械加工过程（钻削）中的基本参数之一，钻削力的大小往往是影响加工工艺精度、刀具耐用度和生产效率的重要因素之一。机械工程上常通过测试钻削过程中的钻削力，研究机床、刀具、夹具的设计，以及钻削机理、自动控制和自动检测等。

在钻削过程中产生的钻削力主要表现为轴向力 F_Z 和切向力所形成的扭矩 M。所以钻削力的测量就是要测量钻削过程中产生的轴向力 F_Z 和扭矩 M。

钻削力传感器由薄壁圆筒弹性元件及两组全桥接法的电阻应变片组成，如图 5-7 所示。将电阻应变片 R_1、R_2、R_3 和 R_4 沿圆筒纵向和横向粘贴，接成图 5-7 所示全桥线路，可测轴向力 F_Z，计算公式如下：

$$\varepsilon_F = 2(1+\mu)\frac{4F_Z}{\pi(D_w^2 - D_n^2)E} = \frac{8(1+\mu)F_Z}{\pi E(D_w^2 - D_n^2)} \tag{5-15}$$

式中，ε_F 为与 F_Z 对应的读数；E 和 μ 分别为材料弹性模量和泊松比；D_w 和 D_n 分别为圆筒的外、内径。

此外，将电阻应变片 R_5、R_6、R_7 和 R_8 与圆筒成±45°方向粘贴，接成全桥可测扭矩 M。

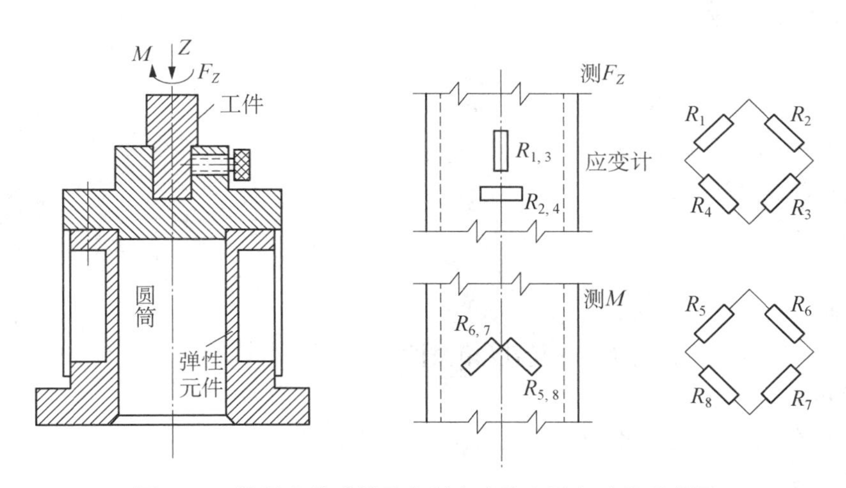

图 5-7　钻削力传感器及电阻应变片布置与连接示意图

5.3　压电式传感器

压电式传感器是一种典型的有源传感器，它利用石英、钛酸钡等材料的压电效应，实现应力、压力、加速度等非电物理量的测量。压电式传感器因其具有结构简单、工作可靠、灵敏度高、响应频带宽、信噪比高和可小型化等优点，在航空航天、工程结构、力学等诸多领域中应用广泛。

5.3.1　压电效应与压电原理

1880 年，Pierre Curie 和 Jacques Curie 兄弟（图 5-8）在巴黎的一次专业会议上宣布，他

图 5-8 发现压电效应的 Pierre Curie 和 Jacques Curie 兄弟

们研究发现，电气石晶体在受到外部压力作用时，会在晶体的晶面上产生正电荷和负电荷，同时他们还发现，晶面上所产生的电荷量的大小与晶体所受到的压力大小成正比，这一现象后来被称为压电效应。随后他们还研究发现，石英等其他晶体材料受到外部压力作用时，也会产生压电效应。

这些材料产生压电效应的原因是，当晶体受到外部压力作用时，其晶格产生变形，此时内部极化，晶体表面上产生电荷，形成电场；当外部载荷消失时，晶格重新恢复到原来的状态。晶体所产生电荷的大小，不仅与受到的外部压力大小有关，同时也和晶体的极轴（晶轴）的位置有关。

自然界中有很多材料具有压电效应，而具有压电效应的材料称为压电材料。常用的压电材料可分为三大类：①压电晶体（单晶），包括压电石英晶体和其他压电单晶材料；②多晶压电陶瓷，如钛酸钡等；③新型压电材料，如压电半导体和有机高分子压电材料等。

虽然压电材料的种类繁多，但是并不是所有的压电材料都适合于制作传感器。用于制作传感器的压电材料不仅具有压电效应，同时还需要满足下列特性：

（1）高的压电灵敏度；

（2）高的机械强度；

（3）高刚度（高弹性模量）；

（4）高绝缘电阻（包括高温时）；

（5）极小的吸水性；

（6）好的线性；

（7）低的迟滞性；

（8）性能长期稳定；

（9）在宽的温度范围内具有低的温度相关性；

（10）低的各向异性；

（11）良好的机械加工特性；

（12）生产成本低。

石英是最重要的单晶压电材料，广泛应用于制作压电式传感器的敏感元件。除了天然的石英材料外，目前还大量应用人造石英。石英的压电常数不高，但具有较好的机械强度和时间与温度稳定性。下面以天然石英晶体为例，介绍压电效应。

天然石英晶体为六角形棱柱结构，如图 5-9 所示。其纵轴线 z-z 称为光轴；通过六角棱线且垂直于光轴的轴 x-x 称为电轴；垂直于棱面和光轴的轴 y-y 称为机械轴。

1）纵向压电效应

当外部压力作用于压电晶体的电轴方向时，在晶体所受力的表面产生电荷，其电荷大小与所施加的外部载荷大小成正比，同时也和压电材料本身的特性有关。这种现象被称为压电晶体的纵向效应，其原理如图 5-10 所示。

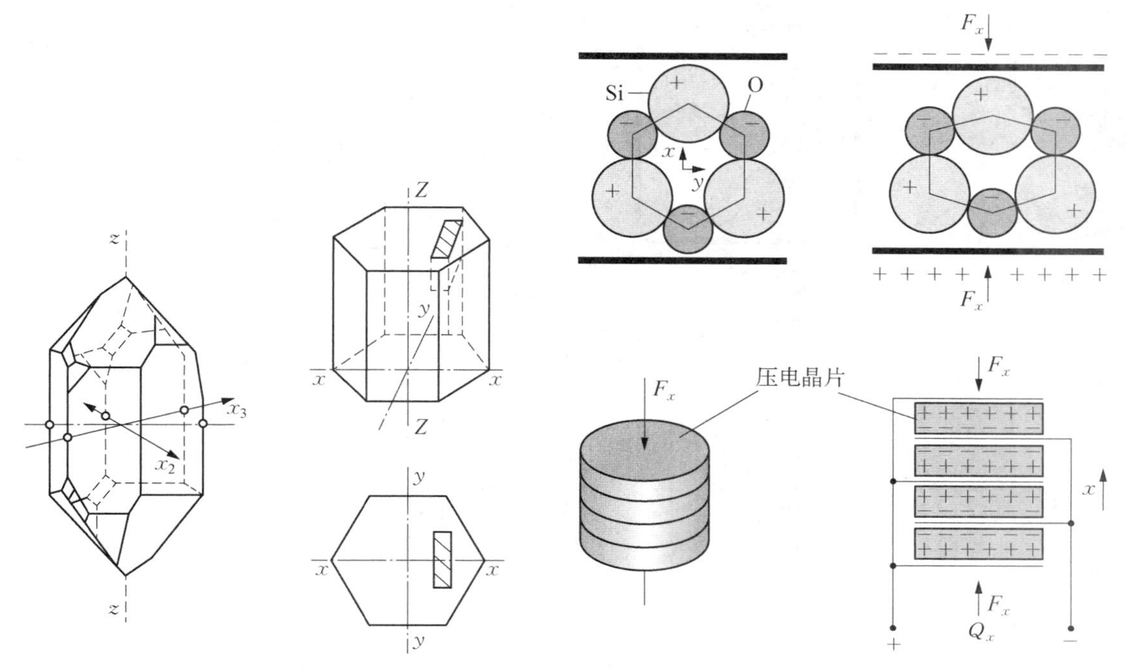

图5-9 石英晶体及其光轴、电轴与机械轴的定义

图5-10 纵向压电效应原理

压电晶体纵向效应的输出电荷量为

$$Q_x = d_{11} F_x n \tag{5-16}$$

式中，Q_x 为输出的电荷；d_{11} 为压电晶体的压电系数；F_x 为施加的外部压力；n 为压电晶体的片数。

不同的压电材料的压电系数是不同的，同一晶体不同方向上的压电系数也不同，所以晶体切割的位置决定了石英晶体拉(压)力传感器的性能和应用。纵向压电效应压电晶体主要用于拉压力传感器。电荷输出的大小与压电晶体的几何尺寸无关，增加电荷输出的唯一方法是采用机械串联的方法连接几个晶片。

2）横向压电效应

当压电晶体在机械轴方向受到压力作用时，在相应的纵向(x 方向)上也会产生电荷，这种现象称为压电晶体的横向压电效应，其原理如图5-11如示。

与纵向压电效应不同，横向压电效应上产生的电荷量与压电敏感元件的尺寸有关，假设敏感元件的尺寸为 a 和 b，则产生的电荷量为

$$Q_y = -d_{11} F_y b/a \tag{5-17}$$

式中，Q_y 为输出的电荷；d_{11} 为压电晶体的压电系数；F_y 为施加机械轴方向的外部压力；a，b 分别为压电晶体的长和高。

因此，横向压电效应通常可以获得较大的电荷输出。利用横向效应的压电敏感元件广泛应用于高灵敏度的压力、应变和力传感器。

3）剪切压电效应

当压电晶体受到外部的剪切力作用时，在晶体所受剪切力的表面产生电荷，其电荷大小与

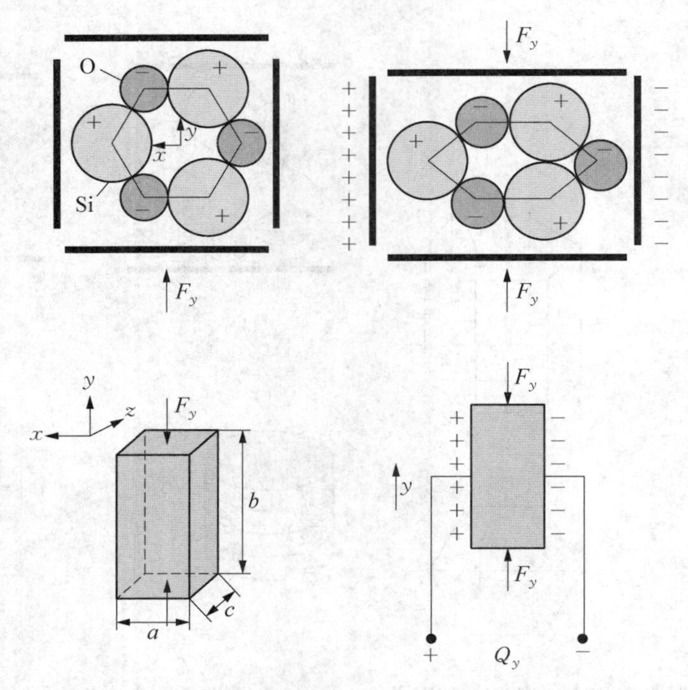

图 5-11　横向压电效应原理

所施加的外部剪切力大小成正比，同时也和压电材料本身的特性有关。这种现象被称为压电晶体的剪切效应，其原理如图 5-12 所示。

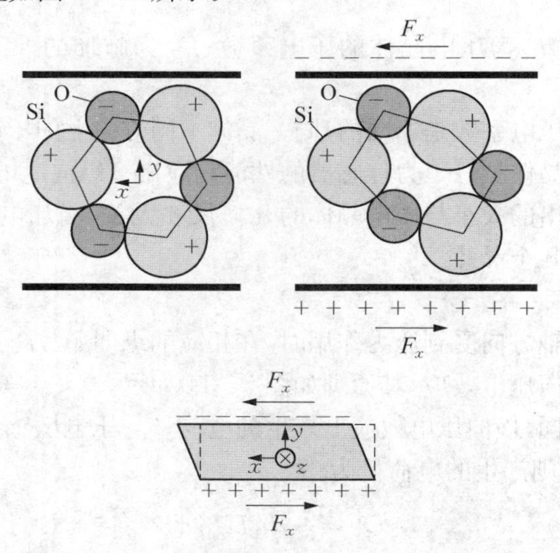

图 5-12　剪切压电效应原理

压电晶体剪切效应时的输出电荷量为

$$Q_x = 2d_{11}F_xn \tag{5-18}$$

式中，Q_x 为输出的电荷；d_{11}为压电晶体的压电系数；F_x 为施加的外部剪切力；n 为压电晶体的片数。

基于剪切效应的压电晶体可用于测量剪切力、扭矩与应变传感器。与压电晶体的纵向效应类似，剪切压电效应电荷输出的大小与压电晶体的几何尺寸无关，增加电荷输出的方法是采用机械串联的方法连接几个晶片。

5.3.2 压电式传感器等效电路

压电晶体受外力作用时，在晶片两个表面上会产生数量相等且符号相反的电荷，当外力消失后电荷也随之消失，因此压电式传感器可以等效为一个电压源 U_a 和一个电容器 C_a 的串联电源（图 5－13a），也可等效为一个电荷源 q 和一个电容器 C_a 的并联电路（图 5－13b）。

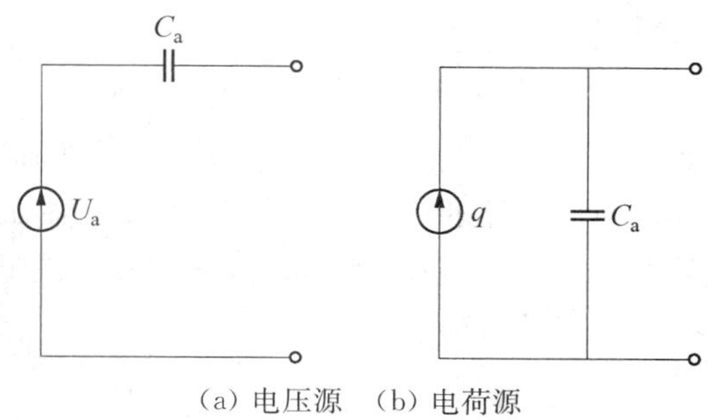

（a）电压源 （b）电荷源

图 5－13 压电传感器等效电路

其等效电容量为

$$C_a = \frac{\varepsilon\varepsilon_0 A}{\delta} \tag{5-19}$$

式中，ε 为压电材料的相对介电常数；ε_0 为真空的介电常数；A 为压电晶体工作面的面积；δ 为压电晶体的厚度。

电压源与电荷源之间的关系可以表示为

$$U_a = \frac{q}{C_a} \tag{5-20}$$

上述等效电路是在理想条件下得到的，即传感器内部无漏电、外电路上的阻抗无穷大时才能成立。对于压电式传感器，如果负载不是无穷大，电路会按指数规律放电，极板上的电荷无法保持不变，从而造成测量误差，因此利用压电式传感器测量静态或准静态量时，必须采用极高的阻抗负载。在动态测量时，变化快，漏电量相对较小，故压电式传感器适合做动态测量。

压电式传感器的灵敏度有电压灵敏度 K_v 和电荷灵敏度 K_q 两种，它们分别代表单位力产生的电压和单位力产生的电荷。它们之间的关系为

$$K_q = K_v C_a \tag{5-21}$$

压电式传感器是一种具有高内阻而输出信号又很弱的有源传感器。在进行非电量测量时，为了提高传感器的灵敏度和测量精度，一般采用多片压电材料并联或串联的形式组成一个压电敏感元件，并接入具有高输入阻抗的前置放大器。

5.3.3 压电式传感器的测量电路

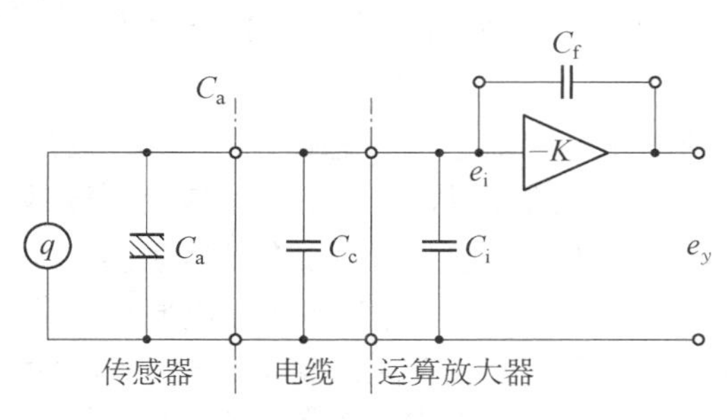

图 5－14 电荷源测量原理电路图

由于压电式传感器内阻很高，输出电荷 q 极其微弱，这为后续电路带来了一定的困难。故常把压电式传感器的信号先经前置放大器放大和阻抗变换后才能转接到一般的放大电路上，并用于最终的显示或记录。前置放大器电路的主要用途有两个：①将压电式传感器的高阻抗输出转换成低阻抗输出；②放大压电式传感器输出的微弱电信号。同时要求前置放大器不仅有足够的放大倍数，而且具有很高的输入阻抗。常用的放大器形式有两种：采用电阻反馈的电压放大器和采用电容反馈的电荷放大器，图 5－14 所示为采用电荷放大器的压电式传感器测量电路。

图 5 - 14 中,压电式传感器的输出电荷量在忽略传感器漏电阻及电荷放大器输入电阻时,可以简化为

$$q = u_i(C_a + C_c + C_i) - (u_i - u_y)C_f \tag{5-22}$$

式中,u_i 为电荷放大器的输入电压;C_a 为压电晶片的等效电容;C_c 为连接电缆的等效电容;C_i 为电荷放大器的输入等效电容;u_y 为电荷放大器的输出电压,且 $u_y = -Ku_i$,K 为电荷放大器的开环放大倍数;C_f 为电荷放大器的反馈电容。

将上式整理可得

$$u_y = \frac{-Kq}{C_a + C_c + C_i + C_f + KC_f} \tag{5-23}$$

当电荷放大器的开环放大倍数足够大即 $KC_f \gg C_a + C_c + C_i + C_f$ 时,上式可以简化为

$$u_y = -\frac{q}{C_f} \tag{5-24}$$

由式(5 - 24)可知,当电荷放大器的开环放大倍数足够大时,电荷放大器的输出电压与压电式传感器的输出电荷量成正比,并且与电缆等效电容无关。因此,当采用电荷放大器作为测量电路时,对连接电缆的长度要求不高,而且测量电路的灵敏度并不会产生明显的变化。

5.3.4 压电式传感器的应用实例

压电式传感器作为一种力-电荷转换装置,因其具有体积小、测量精度高、灵敏度高等优点被广泛应用于力、加速度等物理量的测量。下面以压电式加速度传感器为例,介绍压电式传感器的一种应用实例。

1) 压电式加速度传感器的常用结构

压电式加速度传感器通常由传感器外壳、压电测量敏感元件和惯性质量三部分组成,其常用结构有压缩式结构、剪切式结构和梁式结构三种。

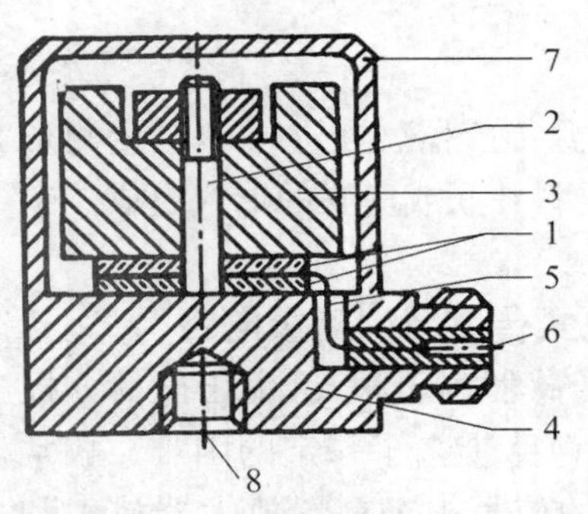

图 5 - 15 压电加速度传感器结构(压缩式结构)

1—压电晶体(敏感元件);2—预载螺栓;3—惯性质量块;4—基座;5—电极;6—接头;7—壳体;8—安装螺栓孔

(1) 压缩式压电加速度传感器。这是一种使用较多的传感器,其结构如图 5 - 15 所示。假设刚性连接在被测物体上的压缩式压电加速度传感器随被测物体运动时的加速度为 a,传感器的惯性块质量为 m,则根据牛顿第二定律,会有大小为 $F = ma$ 的力作用于加速度传感器的压电晶片上。根据压电效应,压电晶片上产生的电荷量与作用于其上的力成正比,由此可测量得到其加速度。

具有压缩式结构的压电式加速度传感器结构简单,输出灵敏度较高,但是加速度传感器安装时产生的基座应变对传感器的测量精度影响较大,而且灵敏度对温度变化比较敏感。

(2) 剪切式压电加速度传感器。这是基于压电原理的剪切效应设计的加速度传感器,它同样由传感器外壳、压电敏感元件和惯性质量三部分组成。根据压电原理的剪切效应,敏感元件产生的电荷量大小与所受到的剪切力成正比。与压缩式结构的加速度传感器一样,根据牛顿第二定律,可获得相应的加速度。剪切结构加速度传感器有环形剪切和 K 形剪切等结构。

图5-16为三分量环形剪切式压电加速度传感器结构图。其压电敏感元件只对由于惯性质量产生的剪切力敏感，对于与剪切敏感轴垂直的力不敏感，所以剪切结构设计的压电式加速度传感器对基座应变不敏感，同样受温度变化而引起的灵敏度变化较小。

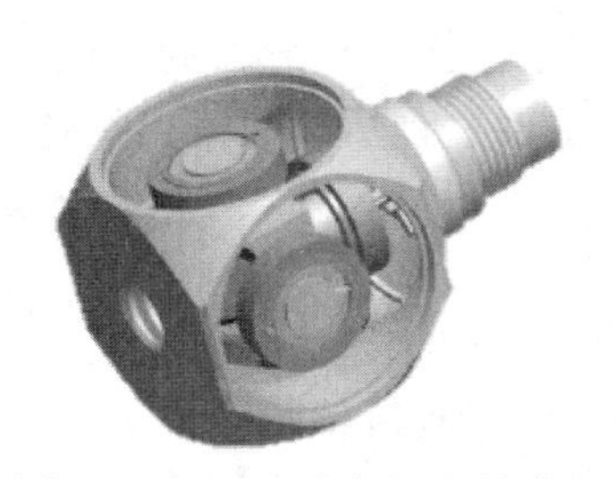

图5-16　压电式加速度传感器结构(环形剪切结构)

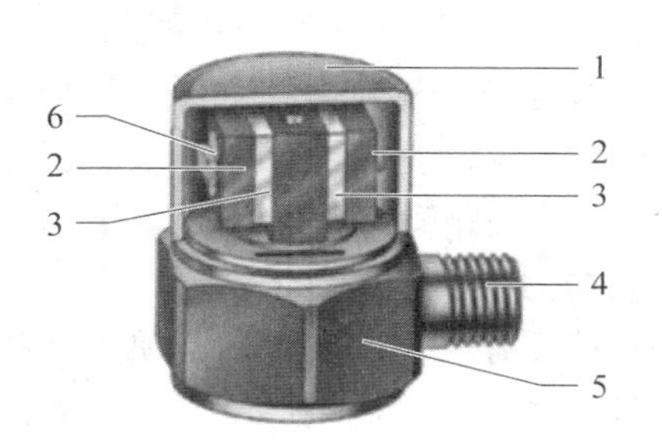

图5-17　压电式加速度传感器结构(K形剪切结构)

1—壳体；2—惯性质量块；3—压电晶体；4—接头；5—基座；6—预载螺栓

图5-17为K形剪切结构压电式加速度传感器。K形剪切结构压电式加速度传感器，其惯性质量块和压电敏感元件通过预载螺栓连接。这种结构的传感器由于是全机械连接，其性能稳定可靠，基座应变对传感器的精度影响极小。

(3) 梁式压电加速度传感器。图5-18为梁式结构压电加速度传感器，传感器由置于基底1上对称的弯曲梁(双面悬臂梁)3组成。弯曲梁是两块压电陶瓷梁，压电陶瓷梁固定于安装杆2之上。当传感器振动时，由于惯性力的作用使压电陶瓷梁产生弯曲应力，因而产生与所受力成正比的电荷。梁的设计只对线性加速度敏感，而对转动加速度不敏感。

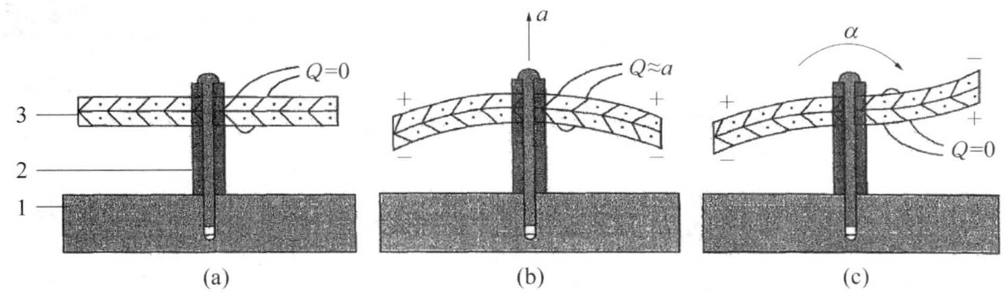

图5-18　加速度传感器结构(梁式结构)

1—基体；2—安装杆；3—弯曲梁

2) 压电式加速度传感器的选择

正确选择加速度传感器是保证获得准确测试结果的第一步。压电原理加速度传感器的选择一般需要考虑以下几个方面：

(1) 传感器的灵敏度。传感器的灵敏度是指单位加速度产生的输出。

(2) 传感器的测量范围。一般选择测量范围的原则是被测信号的幅值是传感器测量范围的80%～90%，这样既能避免测试信号因超量程而使信号削波，又能保证被测量具有较大的信噪比。

(3) 传感器的频率响应。要根据被测加速度的特性选择合适频响的传感器，如果传感器的频响不能满足要求，将会使测试结果的精度降低，甚至得不到所需要的结果。

(4) 使用温度。传感器的工作温度要满足被测量的环境温度。

(5) 分辨率。分辨率是指传感器能够测量到的最小加速度。

(6) 传感器至信号调理或数据采集器的距离。过长的导线会衰减测试信号。

(7) 传感器的质量。要根据被测结构重量选择合适的加速传感器,如果传感器的质量过大,会影响结构固有特性,从而影响测试结果。

(8) 传感器是否与地绝缘。如果传感器不是与地绝缘,当多个传感器的电位不同时,会在传感器之间形成回路,使得测量信号产生很大的噪声。出现这种情况时需要对传感器进行接地处理,方能消除回路噪声信号。

3) 压电式加速度传感器的安装

要获得准确而有效的测量数据,必须使用适当的方法将加速度传感器安装到被测结构物上,安装不当可能带来信号失真。这就要求在整个测试频率范围内,加速度传感器的安装是刚性的。安装的方法有很多种,不同的安装方法适合于不同的应用场合,应该根据测试系统的实际要求来选用。

为了尽可能精确地测量被测对象的加速度,安装方法、安装附件、安装位置的选择和选择加速度传感器一样重要,如果不能保证把被测结构的运动真实地传给加速度传感器,就不能获得精确的测量结果。图 5-19 给出了压电式加速度传感器的常用安装方法,有螺栓安装、粘贴安装、磁性安装等。加速度传感器安装时,其安装面应该光滑、平整、干净,安装螺纹应该垂直于安装面并具有一定的深度。同时,传感器的电缆需要固定,电缆不能在测试过程中摇晃而使测试信号的噪声增加。

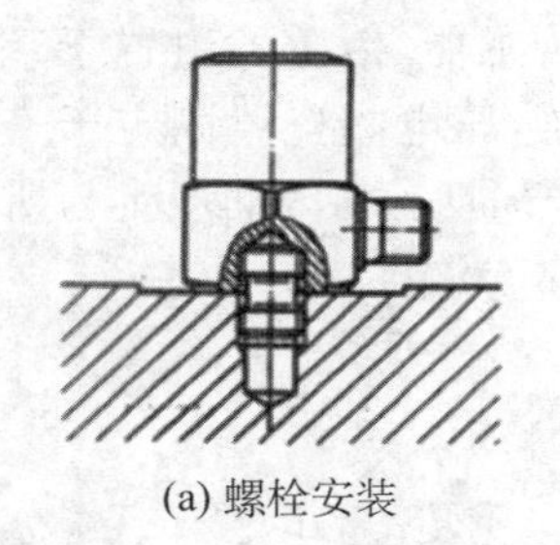
(a) 螺栓安装

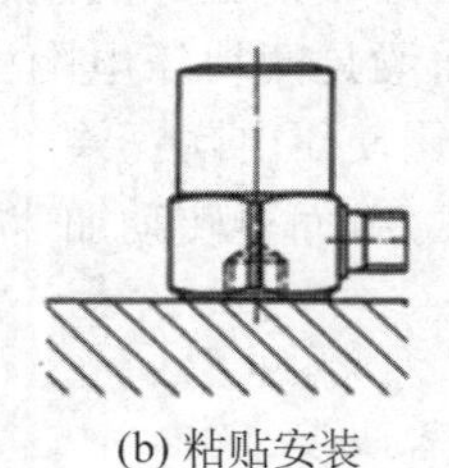
(b) 粘贴安装

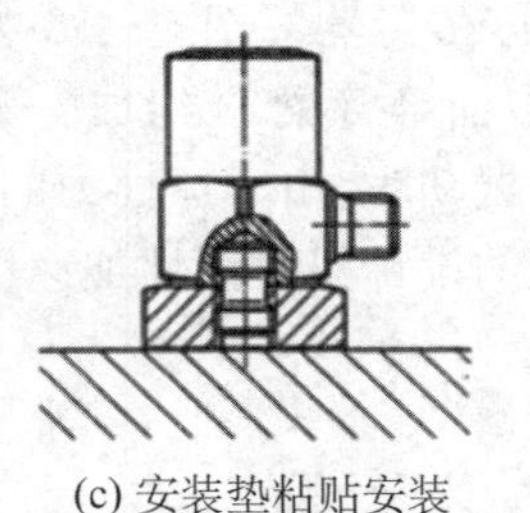
(c) 安装垫粘贴安装

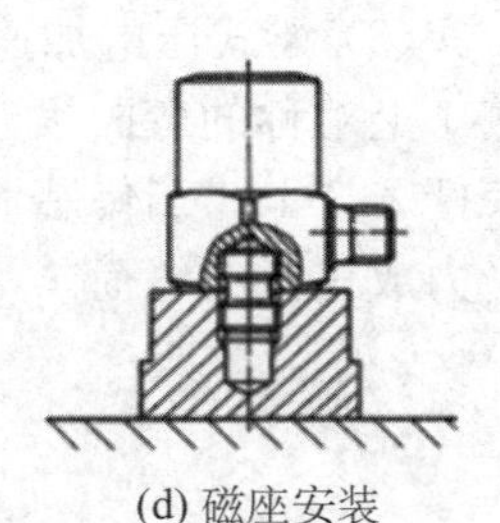
(d) 磁座安装

图 5-19 压电式加速度传感器安装方式

4) 压电式加速度传感器测试实例

以发动机进气、排气门可靠性与耐久性测试为例。

发动机的进、排气门是发动机的重要零部件之一,为了提高其耐磨性,在气门的端部有钛合金防磨损涂层。对发动机进、排气门的要求是在 6 000 r/min的转速工况下,能保证相当于车辆行驶 17 万 km 的寿命。研究发现,通过对发动机特定部位的振动测试可发现并评估气门的磨损。正常情况下,如果振动加速度不大于 $10g$(g 为重力加速度),则气门处于良好的工作状态,如果振动加速度在 $100g \sim 500g$,则表明进、排气门出现严重的磨损。

图 5-20 发动机进、排气门耐久性测量传感器安装位置图

选择加速度传感器时,考虑到发动机缸体工作温度较高,振动频率也较高,所以选用 KISTLER 公司的压电原理电荷输出型加速度器 8202A,传感器安装于气门罩顶部。图 5-20 为加速度传感器安装位置图。

5.4　电容式传感器

电容式传感器是将被测物理量的变化转换为电容量变化的一种传感器。电容式传感器因其具有结构简单、灵敏度高、动态特性好等诸多优点，可以实现对压力、位移、振动、加速度等物理量的测量。

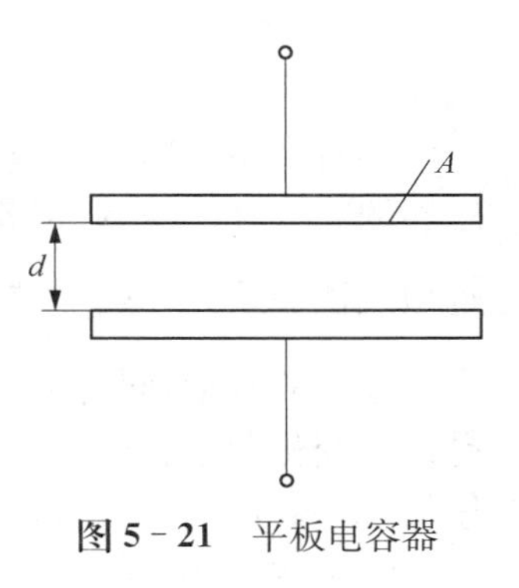

图5－21　平板电容器

5.4.1　电容式传感器的工作原理和结构

电容式传感器实质上是一个参数可变的电容器。其简化原理图如图5－21所示。由两个平行板组成的电容器的电容量可表示为

$$C=\frac{\varepsilon A}{d} \tag{5-25}$$

式中，ε为电容极板介质的介电常数；A为两平行板所覆盖的面积；d为两平行板之间的距离；C为电容量。

由上式可知，当被测量使得d、A和ε中任一参数发生变化时，电容量C也随之变化。如果保持其中两个参数不变而仅改变另一个参数，就可把该参数的变化转换为电容量的变化。基于此，可以将电容式传感器分为极距变化型、面积变化型和介质变化型三类。而在实际使用中，电容式传感器常以改变平行板间距d来进行测量，因为这样获得的测量灵敏度高于改变其他参数的电容传感器的灵敏度。改变平行板间距d的传感器可以测量微米数量级的位移，而改变面积A的传感器只适用于测量厘米数量级的位移。

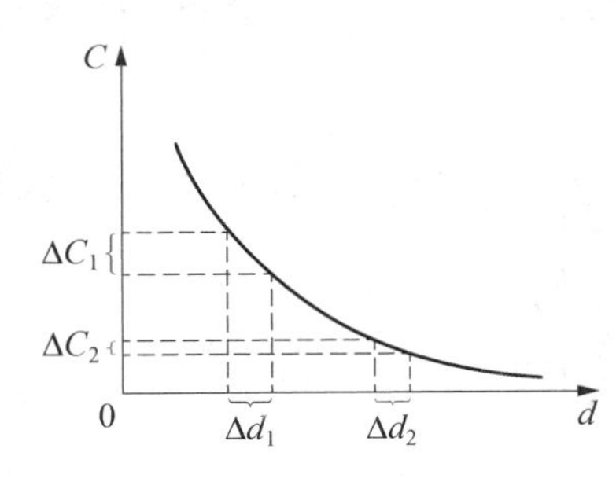

图5－22　电容量与极距之间的关系

1）极距变化型电容式传感器

由式(5－25)可知，当电容式传感器两极板之间的面积和介质不变时，电容量的变化只与极距有关，且两者之间呈非线性关系，如图5－22所示。同时，极距变化型电容式传感器的灵敏度S可以表示为

$$S=-\frac{\varepsilon A}{d^2} \tag{5-26}$$

由式(5－26)可知，极距变化型电容式传感器的灵敏度与电容极距的平方成反比，且极距越小，传感器的灵敏度越高。由于电容和极距之间的非线性关系，使得极距变化型电容式传感器在测量过程中不可避免地会产生非线性误差。

若电容器极板距离由初始值d_0缩小Δd，极板距离分别为d_0和$d_0-\Delta d$，其变化前后电容量分别为C_0和C_1，即

$$C_0=\frac{\varepsilon A}{d_0} \tag{5-27}$$

$$C_1=\frac{\varepsilon A}{d_0-\Delta d}=\frac{\varepsilon A}{d_0\left(1-\frac{\Delta d}{d_0}\right)}=\frac{\varepsilon A\left(1+\frac{\Delta d}{d_0}\right)}{d_0\left(1-\frac{\Delta d^2}{d_0^2}\right)} \tag{5-28}$$

当 $\frac{d_0}{d} \ll 1$，式(5-28)可以简化为

$$C_1 \approx C_0\left(1+\frac{\Delta d}{d_0}\right) \tag{5-29}$$

这时 C_1 与 Δd 近似呈线性关系。因此，在实际应用中，为有效减小极距变化型电容式传感器的非线性误差，通常要求其在较小的极距变化范围内工作，以便获得如式(5-29)所示的近似线性关系。一般要求极距变化范围 $\frac{\Delta d}{d_0} < 0.1$。因此，极距变化型电容传感器可以实现较小位移量的测量，同时可以进行动态非接触式测量，对被测系统的影响较小，灵敏度较高。但是极距变化型电容传感器也存在着测量范围小、线性度差、易受外界条件(温度、湿度、电源电压等)影响、抗干扰能力差等缺点。

2) 面积变化型电容式传感器

由式(5-25)可知，电容式传感器的电容量与极板间相对覆盖面积成正比，因此面积变化型电容式传感器的灵敏度 S 可以表示为

$$S=\frac{\varepsilon}{d}=\text{常数} \tag{5-30}$$

与极距变化型电容式传感器相比，面积变化型电容式传感器不会产生非线性误差，但后者灵敏度较低，通常适用于较大直线位移及角位移的测量。

根据两极板之间相对运动的方式，面积变化型电容式传感器常分为直线位移型和角位移型两类。其原理如图 5-23 所示。

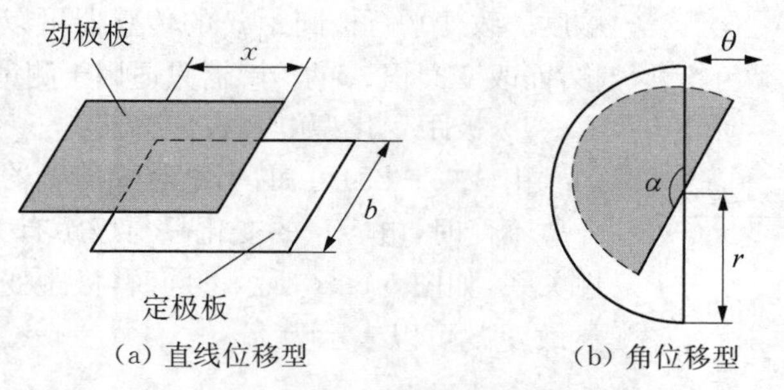

(a) 直线位移型　　(b) 角位移型

图 5-23　面积变化型电容传感器

对于直线位移型，当一块极板相对于另一块极板做直线位移时，两极板之间的覆盖面积发生变化，进而导致电容量的变化。已知电容量可以表示为

$$C=\frac{\varepsilon A}{d}=\frac{\varepsilon bx}{d} \tag{5-31}$$

式中，b 为极板宽度；x 为重合部分极板长度。

因此，直线位移型传感器的灵敏度可以表示为

$$S=\frac{\varepsilon b}{d}=\text{常数} \tag{5-32}$$

类似地，对于角位移型，当动极板相对定极板旋转一定角度后，电容器的电容量可以表示为

$$C=\frac{\varepsilon A}{d}=\frac{\varepsilon}{d}\times\frac{\alpha r^2}{2} \tag{5-33}$$

式中，α 为两极板覆盖面积所对应的角度；r 为极板的半径。

而角位移型传感器的灵敏度可以表示为

$$S = \frac{\varepsilon r^2}{2d} \tag{5-34}$$

3）介质变化型电容式传感器

这类传感器利用介质层介电常数的变化将被测量转换为电容量变化，可用于测量电介质或某些材料的温度、湿度和厚度等。例如，当介质层的温度或湿度发生变化时，其介电常数发生变化，引起电容量的变化，进而实现测量。

5.4.2　电容式传感器的测量电路

电容式传感器将被测量转换成电容量之后，进一步由后续电路转换成电压、电流或频率等易于测量的信号。电容式传感器常用的测量电路有以下几种。

1）电桥型电路

将电容式传感器作为电桥桥路的一部分，将电容变化转换为电桥的电压输出。通常采用由电阻、电容或电感、电容组成的交流电桥的形式。图 5－24 是一种由电阻、电容组成的交流电桥。其中电容式传感器 C_1 接入交流电桥的一个桥臂上。测量时，首先调整电桥，使得输出电压 U_y 为 0。当被测量引起传感器电容 C_1 变化时，电桥的输出随之变化。进而将电容量转换为易于测量或处理的电压信号。

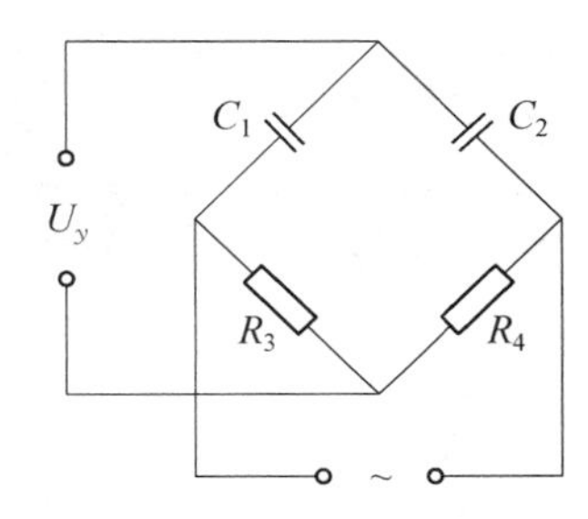

图 5－24　电桥型测量电路

2）调频电路

电容式传感器作为振荡器谐振回路的电容元件，当传感器电容量随被测物理量发生变化时，调频电路的谐振频率随之改变，频率的变化经鉴频器转变为电压信号的变化输出，再经过放大等后续处理后进行记录或显示。这种测量电路的灵敏度较高，但是振荡器的频率易受到温度和分布电容的影响，测量精度较低。调频电路的原理图如图 5－25 所示。

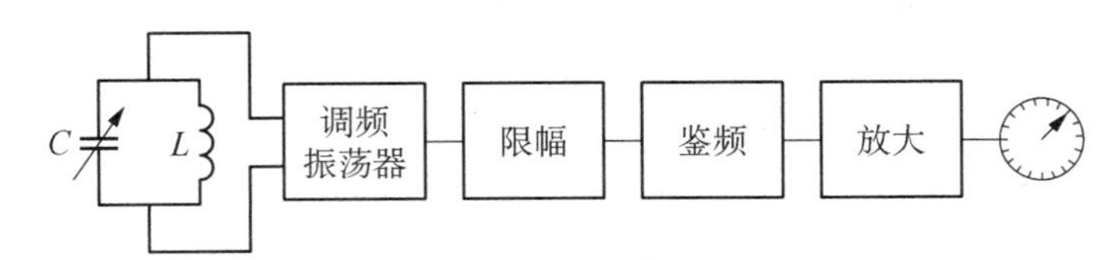

图 5－25　调频电路原理图

3）运算放大器电路

由前所述，极距变化型电容传感器的电容量与极距呈非线性关系，这使得该类传感器的应用受到了极大的限制。当采用如图 5－26 所示的运算放大器电路时，就可以很好地改善原有的非线性关系。

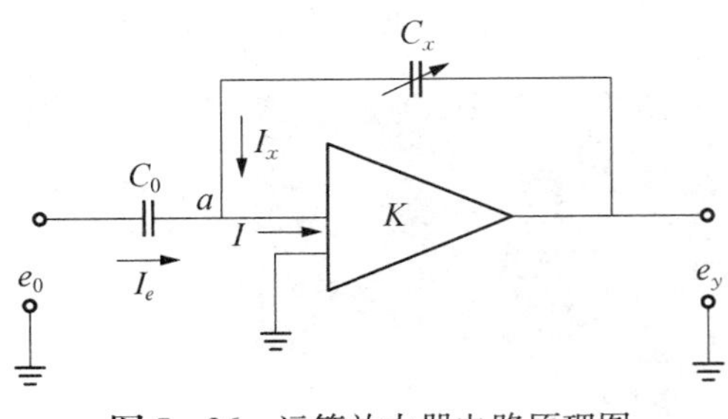

图 5－26　运算放大器电路原理图

实际应用中，将电容式传感器的电容 C_x 作为运算放大器的反馈电容，则根据运算放大器的运算关系，当输入电压为 e_0 时，运算放大器的输出为

$$e_y = -e_0 \frac{C_0}{C_x} \tag{5-35}$$

将电容传感器电容量计算公式(5-25)带入上式可得

$$e_y = -e_0 \frac{C_0 d}{\varepsilon A} \tag{5-36}$$

由式(5-36)可知,当采用运算放大器测量电路时,输出电压与极距变化型电容传感器的极距 d 呈线性关系,该电路可以用于位移测量传感器。

5.4.3 电容式传感器应用实例

电容式加速度传感器采用微机械加工技术,将调理电路和传感器集成于一块芯片上,减小了分布电容的影响。图 5-27 为典型的微机械电容式加速度传感器结构。

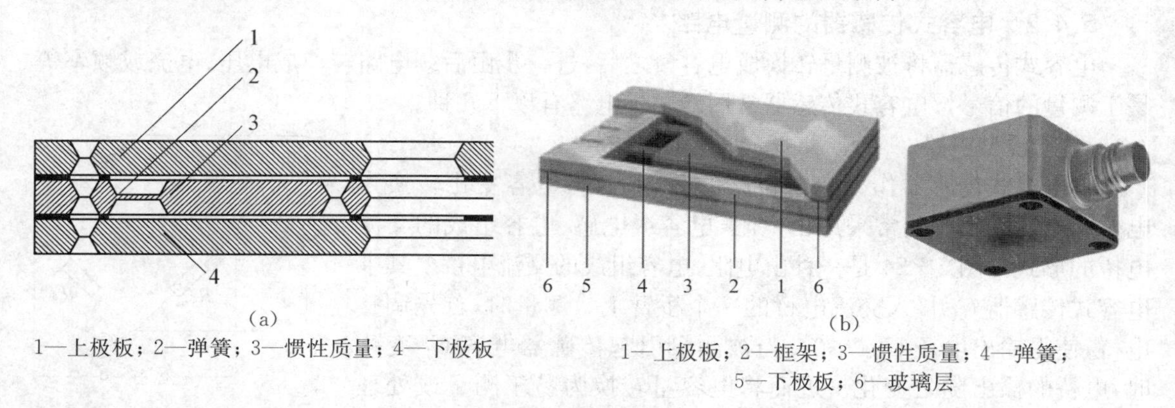

1—上极板;2—弹簧;3—惯性质量;4—下极板

1—上极板;2—框架;3—惯性质量;4—弹簧;5—下极板;6—玻璃层

图 5-27 微机械电容式加速度传感器及结构

微机械电容式传感器的特点如下:

(1) 真正的静态和动态测量响应;

(2) 频率响应 0~400 Hz;

(3) 可以获得加速度和倾角信号;

(4) 输出信号可以是单极、双极、差分电压或电流;

(5) 工作温度范围为-55~125 ℃。

电容式加速度传感器测量实例如下:

汽车平顺性是评定汽车座位舒适性的重要参数,在进行汽车平顺性测量过程中,需要测量车辆座椅、悬架等处的加速度,在获得这些加速度的测量数据后进行相应的平顺性分析。由于人体对于振动的最敏感频率在低频范围,所以加速度传感器的频率响应应该满足 0~400 Hz。据此,在进行平顺性测量时选择电容原理加速度传感器。图 5-28 为传感器布置图。

(a) 安装于悬架

(b) 传感器安装于地板

图 5-28 汽车平顺性测量传感器安装图

5.5　电感式传感器

电感式传感器是基于敏感元件的电磁感应原理实现测量的一类传感器，它可以将力、位移、流量、振动等被测量转换成线圈自感量或互感量的变化，再由测量电路转换成电压或电流的变化量输出。电感式传感器具有结构简单、无机械磨损影响、灵敏度和分辨率较高等优点。但是电感式传感器也存在着灵敏度、线性度和测量范围相互限制，传感器自身频率响应低，不适于快速动态测量等缺点。

电感式传感器种类很多，包括利用自感原理的自感式传感器、利用互感原理做成的差动变压器式传感器、利用涡流原理的涡流式传感器、利用压磁原理的压磁式传感器等。根据变换方式的不同，电感式传感器可以分为自感型（包括可变磁阻式和涡流式）与互感型（差动变压器式）两大类。

5.5.1　可变磁阻式电感传感器及其测量电路

1）可变磁阻式电感传感器

可变磁阻式传感器通常由线圈、铁芯和衔铁三部分组成，其典型结构如图5－29所示。其中，铁芯和衔铁由硅钢片等导磁材料制成，在铁芯和衔铁之间有厚度为δ的气隙，传感器的运动部分与衔铁相连。当衔铁移动时，气隙厚度δ发生改变，引起磁路中磁阻的变化，从而导致电感线圈的电感值变化，只要能测出电感量的变化，就能确定衔铁位移量的大小和方向。可变磁阻式传感器就是基于这样的原理实现测量的。

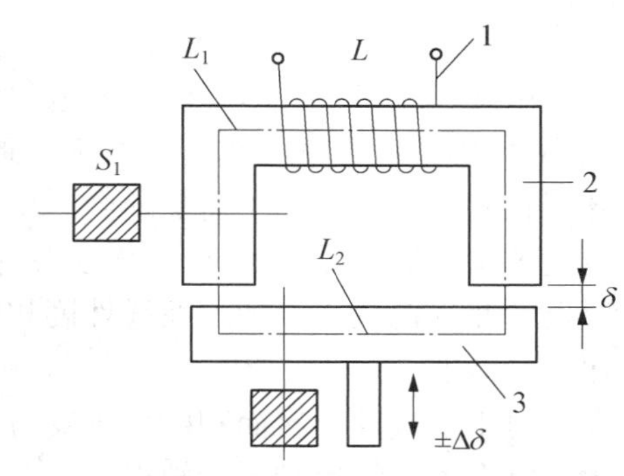

图5－29　可变磁阻式传感器

1—线圈；2—铁芯（定铁芯）；
3—衔铁（动铁芯）

根据电感定义，线圈中自感量L可由下式确定：

$$L=\frac{N\Phi}{I} \tag{5-37}$$

式中，I为通过线圈的电流；N为线圈的匝数；Φ为穿过线圈的磁通。

由磁路欧姆定律可知磁通的表达式为

$$\Phi=\frac{IN}{R_m} \tag{5-38}$$

式中，R_m为磁路总磁阻。

对于变隙式传感器，因为气隙很小，所以可以认为气隙中的磁场是均匀的。忽略磁路中的磁损，同时考虑到气隙磁阻远大于铁芯和衔铁的磁阻，此时，磁路中的总磁阻可以简化表示为

$$R_m\approx\frac{2\delta}{\mu_0 S_0} \tag{5-39}$$

式中，μ_0为空气的磁导率；S_0为气隙导磁截面积。

联立式（5－37）～式（5－39），可以将线圈自感量L表示为

$$L=\frac{N^2\mu_0 S_0}{2\delta} \tag{5-40}$$

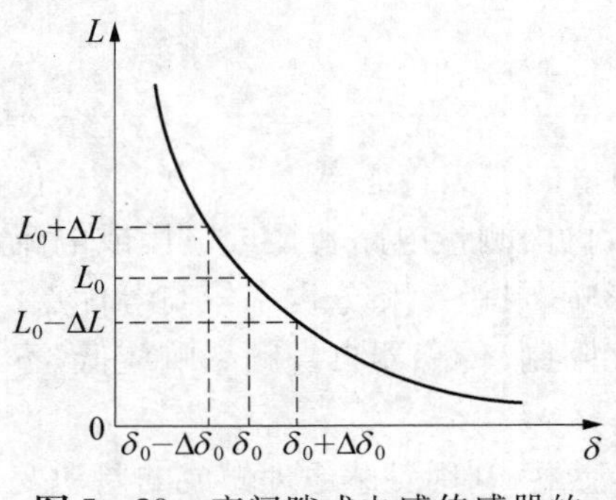

图 5-30 变间隙式电感传感器的 L-δ 特性曲线

由上式可知当线圈匝数为常数时，电感 L 仅仅是磁路中磁阻的函数，只要改变 δ 或 S_0 均可导致电感变化。因此可变磁阻式传感器又可分为变气隙厚度 δ 的传感器和变气隙面积的传感器。其中使用最广泛的是变气隙厚度 δ 式的电感传感器。

对于变间隙式电感传感器，由式(5-40)可知，电感量与气隙厚度之间具有非线性关系，两者之间的关系如图 5-30 所示。

同时，根据式(5-40)可知变间隙式电感传感器的灵敏度为

$$S=\frac{N^2\mu_0 S_0}{2\delta^2} \tag{5-41}$$

由式(5-41)可知，变间隙式电感传感器的灵敏度与气隙厚度的平方成反比，且气隙厚度越小，传感器的灵敏度越高。由于电感量和气隙厚度之间的非线性关系，使得变间隙式电感传感器在测量过程中不可避免地会产生非线性误差。为了减小该误差，通常要求在较小的气隙厚度范围内进行测量工作，一般实际应用中常取 $\Delta\delta/\delta\leqslant 0.1$。同时可以发现，变间隙式电感传感器的测量范围与灵敏度及线性度相矛盾，所以变间隙式电感传感器用于测量微小位移时是比较精确的。

对于变气隙导磁面积的传感器，自感量与气隙导磁面积具有很好的线性关系，但是这类传感器存在着灵敏度较低的缺点。

为改善变间隙式电感传感器的线性特性，在实际应用中一般采用如图 5-31 所示的差动连接方式。当衔铁移动时，可以使得两个线圈的间隙分别发生 $\Delta\delta$ 和 $-\Delta\delta$ 的变化。此时，一个线圈的自感量增加，而另一个线圈的自感量减小。当将两线圈接于电桥的相邻桥臂时，其输出灵敏度可提高 1 倍，同时还可以改善其线性特性。

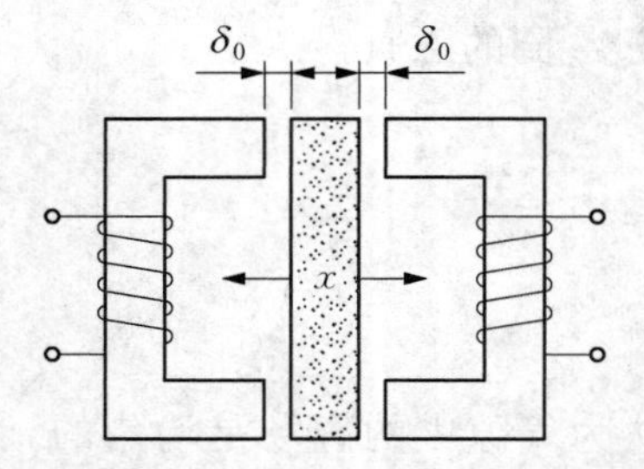

图 5-31 差动型可变磁阻式电感传感器

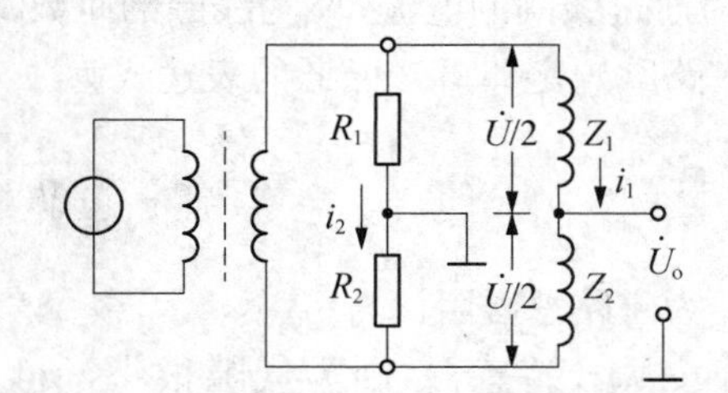

图 5-32 交流电桥式测量电路原理图

2）可变磁阻式电感传感器的测量电路

可变磁阻式电感传感器的测量电路有交流电桥式、交流变压器式以及谐振式等几种形式。图 5-32 为交流电桥式测量电路原理图。将差动型电感传感器的两个线圈作为电桥的两个相邻桥臂 Z_1 和 Z_2，另外两个相邻桥臂用纯电阻代替。当电感传感器的品质因数 $Q(Q=\omega L/R)$ 值足够高时，图中所示的测量电路的输出电压可以简化表示为

$$\dot{U}_o=\frac{\dot{U}}{2}\frac{\Delta Z}{Z}\approx\frac{\dot{U}}{2}\frac{\Delta L}{L_0}=\frac{\dot{U}}{2}\frac{\Delta\delta}{\delta_0} \tag{5-42}$$

式中，L_0 为衔铁在中间位置时，单个线圈的电感；ΔL 为单线圈电感的变化量。

图 5－33 为交流变压器式测量电路原理图。如图所示，将差动型电感传感器的两个线圈阻抗作为电桥的两个相邻桥臂 Z_1 和 Z_2，另外两个桥臂为交流变压器次级线圈的 1/2 阻抗。当负载阻抗无穷大时，电路输出电压为

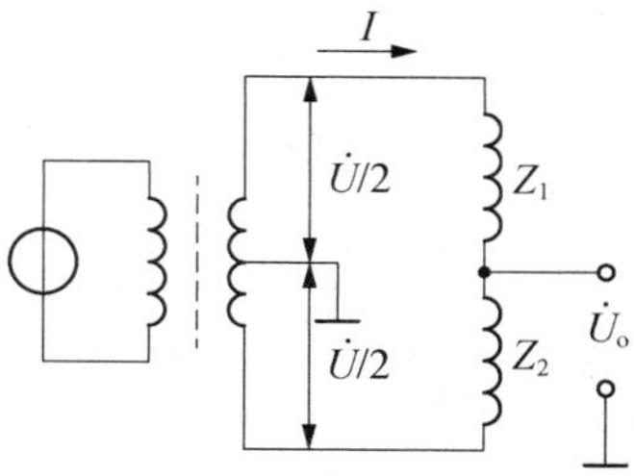

图 5－33　交流变压器式测量电路原理图

$$\dot{U}_o = \frac{Z_1 \dot{U}}{Z_1 + Z_2} - \frac{\dot{U}}{2} = \frac{Z_1 - Z_2}{Z_1 + Z_2} \frac{\dot{U}}{2} \tag{5-43}$$

当传感器衔铁处于中间位置时，$Z_1 = Z_2$，电路输出电压为 0。假设线圈品质因数值足够大，且忽略损耗电阻，则当传感器衔铁上下移动时，式(5－43)可以表示为

$$\dot{U}_o = \pm \frac{\dot{U}}{2} \frac{\Delta L}{L} \tag{5-44}$$

从上式可知，衔铁上下移动相同距离时，输出电压的大小相等，但方向相反，由于输出电压是交流电压，无法判断位移方向，因此必须配合相敏检波电路来解决。

谐振式测量电路有调幅电路和调频电路两种。其原理图分别如图 5－34 和图 5－35 所示。对于图 5－34a 所示的调幅电路，传感器电感 L 与电容 C 和变压器初级线圈串联在一起，接入交流电源，此时变压器的次级将有电压输出，输出电压的频率与电源频率相同，而幅值随着电感 L 而变化。输出电压与电感 L 的关系曲线如图 5－34b 所示。该测量电路灵敏度很高，但线性差，适用于线性要求不高的场合。

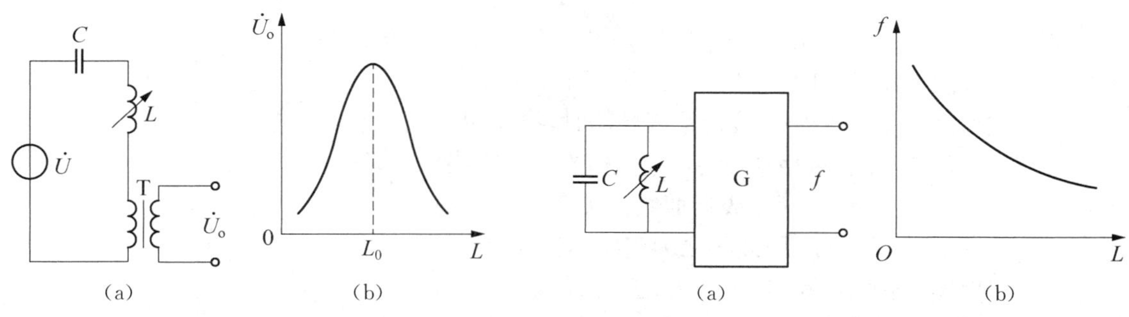

图 5－34　谐振式调幅测量电路　　图 5－35　谐振式调频测量电路

对于图 5－35a 所示的调频电路，其基本原理是传感器电感 L 的变化将引起输出电压频率的变化。当 L 变化时，振荡频率随之变化，根据 f 的大小即可测出被测量的值。图 5－35b 给出了 f 与 L 的特性曲线，它具有明显的非线性关系。

5.5.2　涡流式电感传感器及其测量电路

1）涡流式电感传感器

这类传感器以金属导体的涡流效应为变换原理，其原理如图 5－36 所示。该图是由传感器线圈和被测导体组成的线圈-导体系统。根据法拉第电磁感应定律，当传感器线圈通以 i 的正弦交变电流时，线圈周围空间必然产生磁通为 Φ 的正弦交变磁场，使置于此磁场中的金属导体中感应出电涡流 i_1，同时产生新的交变磁场 Φ_1。根据楞次定律，Φ_1 的作用将反抗原磁场

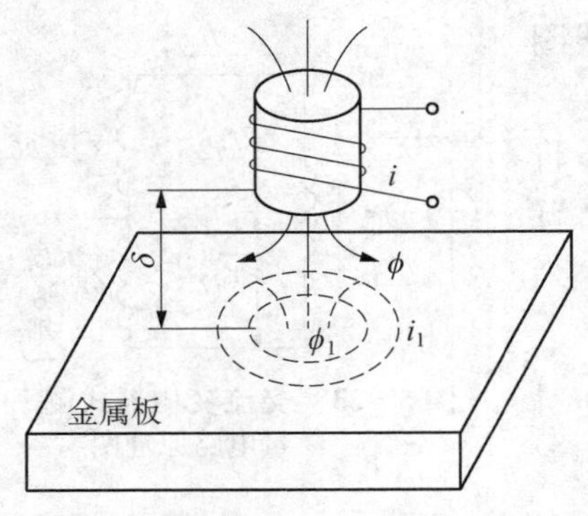

图 5-36　涡流式电感传感器工作原理图

Φ，导致传感器线圈的等效阻抗发生变化。

由此可知，线圈等效阻抗的变化取决于被测金属导体中的涡流效应。而涡流效应既与被测体的电阻率、相对磁导率以及几何形状有关，又与线圈几何参数、线圈中激磁电流频率有关，还与线圈与导体间的距离 δ 有关。当改变其中某一个因素时，可以达到不同的测量目的。例如，改变线圈与导体间的距离，可以实现位移、振动的测量；而改变被测体的电阻率、相对磁导率，可以用于金属材料的鉴别或表面裂纹的检测等。

2）涡流式电感传感器的测量电路

根据涡流式传感器的工作原理，其测量电路主要有谐振电路、电桥电路与 Q 值测试电路三种。这里主要介绍谐振电路。目前所用的谐振电路有三种类型：定频调幅式、变频调幅式与调频式。

定频调幅式测量电路原理如图 5-37 所示。图中 L 为传感器线圈电感，与电容 C 组成并联谐振回路，晶体振荡器提供高频激励信号。图 5-38 为该测量电路的谐振曲线。

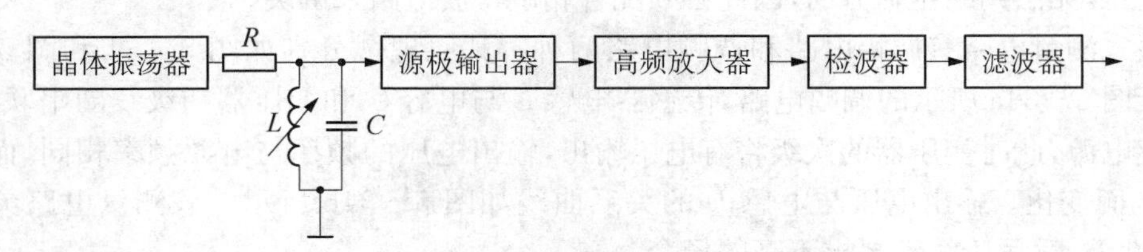

图 5-37　定频调幅式测量电路原理图

当无被测导体时，LC 并联谐振回路调谐在与晶体振荡器频率一致的谐振状态时回路阻抗最大，回路压降最大（图 5-38 中的 U_0）。当传感器接近被测导体时，损耗功率增大，回路失谐，输出电压相应变小。这样，在一定范围内，输出电压幅值与间隙（位移）成近似线性关系。由于输出电压的频率 f_0 始终恒定，因此称之为定频调幅式。

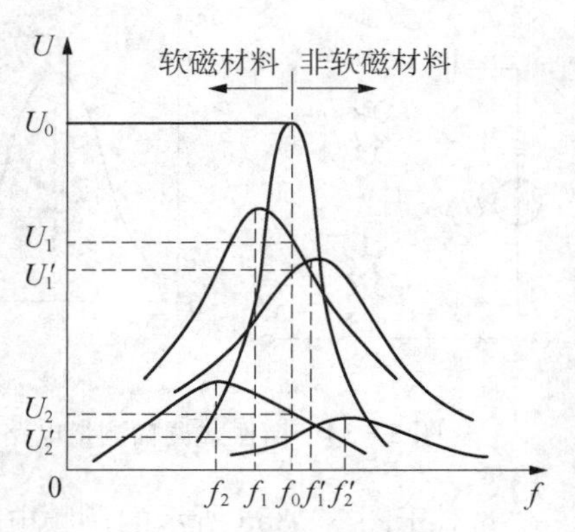

图 5-38　定频调幅式测量电路的谐振曲线

当被测导体为软磁材料时，由于 L 增大而使谐振频率下降（向左偏移）。当被测导体为非软磁材料时则反之（向右偏移）。这种电路常采用石英晶体振荡器，以便获得具有高稳定度频率的高频激励信号。因为振荡频率若变化 1%，一般将引起输出电压 10%的漂移。图 5-37 中的耦合电阻 R 用于减小涡流式电感传感器对振荡器的影响，并作为恒流源的内阻。R 大则灵敏度低，R 小则灵敏度高；但 R 过小时，由于对振荡器起旁路作用，也会使灵敏度降低。谐振回路的输出电压为高频载波信号，信号较小，因此后续需要经过高频放大、检波和滤波等环节，使输出信号便于传输与测量。

调频电路原理如图 5-39 所示。将传感器线圈接入电容三点式振荡回路，与调幅电路不同的是，该电路以振荡频率的变化作为输出信号。如欲以电压作为输出信号，则应后接鉴频器。这种电路的关键是提高振荡器的频率稳定度。通常可以从环境温度变化、电缆电容变化

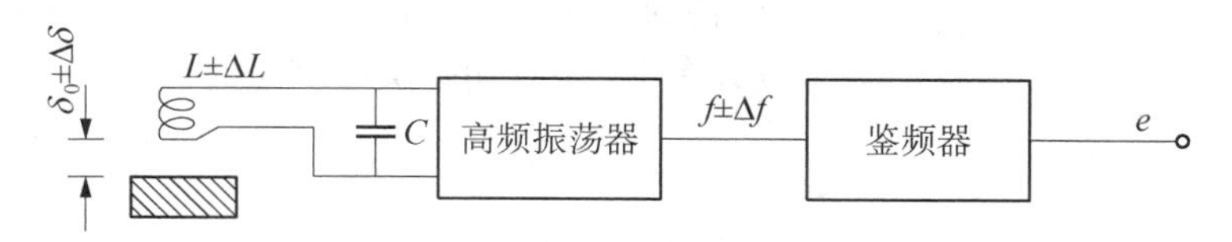

图 5-39 调频式测量电路原理图

及负载影响三方面考虑。

5.5.3 互感式电感传感器及其测量电路

1）互感式电感传感器

互感式电感传感器是把被测的非电量变化转换为线圈互感量变化的传感器。它根据变压器的基本原理制成，并且次级绕组都用差动形式连接，故又称为差动变压器式传感器。差动变压器结构形式较多，有变隙式、变面积式和螺线管式等，但其工作原理基本一样。其中，应用最多的是螺线管式差动变压器，其结构如图 5-40 所示。它由一个初级线圈，两个次级线圈和插入线圈中央的圆柱形铁芯等组成。

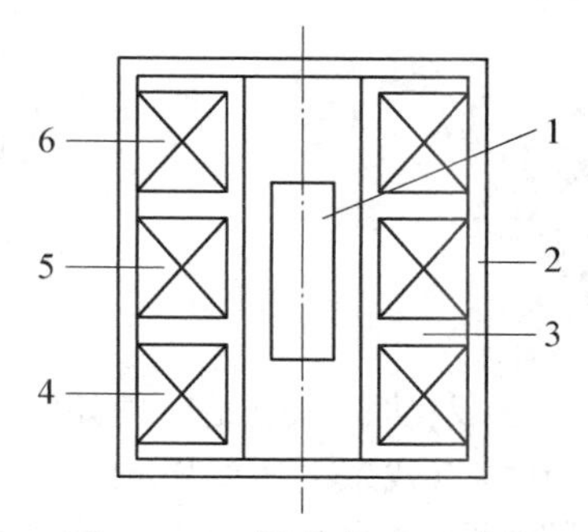

图 5-40 螺线管式差动变压器结构图

1—活动衔铁；2—导磁外壳；3—骨架；4、6—次级绕组 W_{2a}、W_{2b}；5—初级绕组 W_1

差动变压器式传感器中两个次级线圈反向串联，并且在忽略铁损、导磁体磁阻和线圈分布电容的理想条件下，其等效电路如图 5-41a 所示。当初级绕组加以激励电压 $\dot{U}_1$ 时，根据变压器的工作原理，在两个次级绕组 W_{2a} 和 W_{2b} 中便会产生感应电势 $\dot{E}_{2a}$ 和 $\dot{E}_{2b}$。当活动衔铁处于初始平衡位置时，根据电磁感应原理，$\dot{E}_{2a}=\dot{E}_{2b}$。由于变压器两次级绕组反向串联，因而差动变压器输出电压为零。

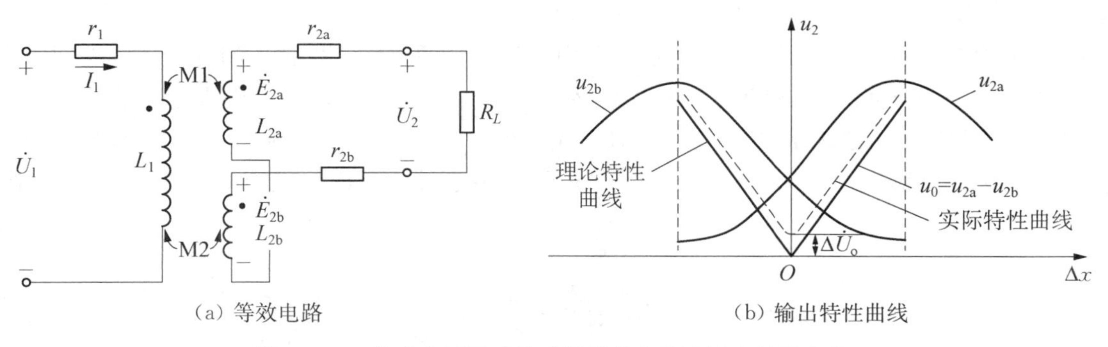

(a) 等效电路 (b) 输出特性曲线

图 5-41 差动变压器式传感器等效电路及输出特性曲线

当活动衔铁向上移动时，由于磁阻的影响，W_{2a} 中磁通将大于 W_{2b}，使得 $\dot{E}_{2a}$ 增加，而 $\dot{E}_{2b}$ 减小。反之，当活动衔铁向下移动时，$\dot{E}_{2b}$ 增加，$\dot{E}_{2a}$ 减小。因此，输出电压随着衔铁位置的变化而变化，其输出特性曲线如图 5-41b 所示。

2）互感式电感传感器的测量电路

互感式电感传感器随衔铁的位移而输出的是交流电压，若用交流电压表测量，只能反映衔铁位移的大小，而不能反映移动方向。此外，由于传感器的两次级绕组的电气参数与几何尺寸不可避免地存在不对称现象，以及磁性材料的非线性等问题，会使得测量值中包含零点残余电压。为了达到辨别移动方向及消除零点残余电压的目的，实际测量时，常常采用差动整流电路和相敏检波电路。

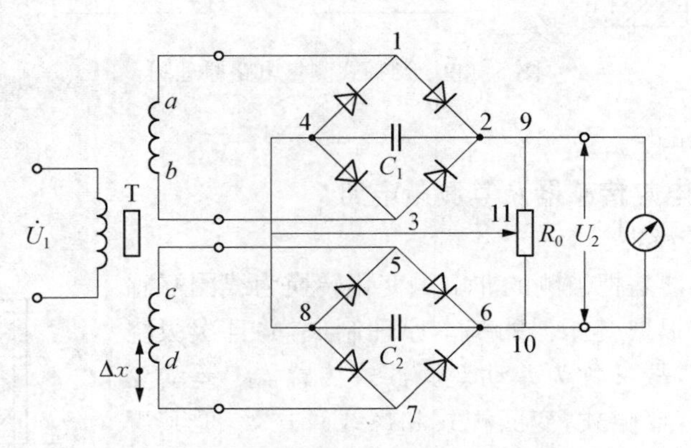

图 5-42 差动整流电路原理图

差动整流电路原理如图 5-42 所示。差动整流电路具有结构简单、不需要考虑相位调整和零点残余电压的影响、分布电容影响小和便于远距离传输等优点。这种电路是把差动变压器的两个次级输出电压分别整流，然后将整流的电压或电流的差值作为输出。图中电阻 R_0 用于调整零点残余电压。

从图 5-42 所示电路结构可知，不论两个次级线圈的输出瞬时电压极性如何，流经电容 C_1 的电流方向总是从 2 到 4，流经电容 C_2 的电流方向从 6 到 8，故整流电路的输出电压为

$$\dot{U}_2 = \dot{U}_{24} - \dot{U}_{68} \tag{5-45}$$

当衔铁在零位时，因为 $\dot{U}_{24} = \dot{U}_{68}$，所以 $\dot{U}_2 = 0$；当衔铁在零位以上时，因为 $\dot{U}_{24} > \dot{U}_{68}$，则 $\dot{U}_2 > 0$；而当衔铁在零位以下时，$\dot{U}_{24} < \dot{U}_{68}$，则 $\dot{U}_2 < 0$。

相敏检波电路原理如图 5-43 所示。图中 $V_{D1} \sim V_{D4}$ 为四个性能相同的二极管，以同一方向串联成一个闭合回路，形成环形电桥。输入信号 u_2（差动变压器式传感器输出的调幅波电压）通过变压器 T_1 加到环形电桥的一个对角线。参考信号 u_s 通过变压器 T_2 加入环形电桥的另一个对角线。输出信号 u_0 从变压器 T_1 与 T_2 的中心抽头引出。平衡电阻 R 起限流作用，

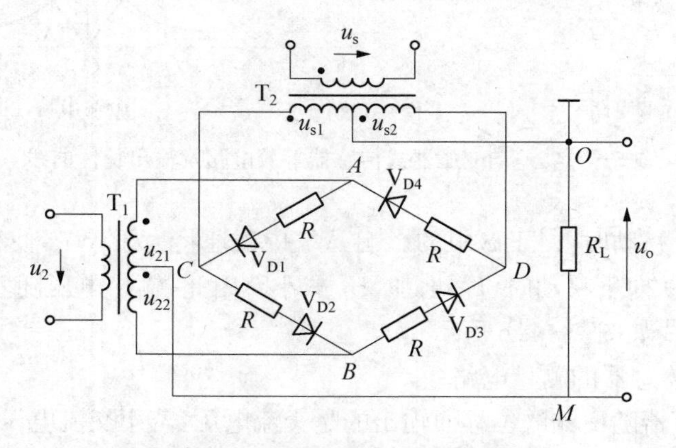

图 5-43 相敏检波电路原理图

避免二极管导通时变压器 T_2 的次级电流过大。R_L 为负载电阻。u_0 的幅值要远大于输入信号 u_2 的幅值，以便有效控制四个二极管的导通状态，且 u_2 和差动变压器式传感器激磁电压 u_1 应由同一振荡器供电，以保证二者同频、同相（或反相）。分析可得，输出电压的表达式可以表示为

$$u_o = \pm \frac{R_L u_2}{n_1(R_1 + 2R_L)}$$

式中，n_1 为变压器 T_1 的变比。正负号反映了被测位移的方向。

相敏检波电路输出电压 u_o 的变化规律充分反映了被测位移量的变化规律，即 u_o 的值反映了位移 Δx 的大小，而 u_o 的极性则反映了位移 Δx 的方向。

5.5.4　电感式传感器的应用

1）电感式表面形貌测量仪

电感式表面形貌测量仪原理如图 5－44 所示。测量杆与电感传感器的铁芯相连，并在被测样品表面上移动。当被测物位置发生变化时，被测样本表面高低不平的形貌会通过测量杆带动铁芯在线圈内上下移动，使串接入交流电桥中的电感线圈的电感改变，从而打破电桥的平衡，并输出相应大小的电压，通过后续电路使指示器给出相应的测量值。

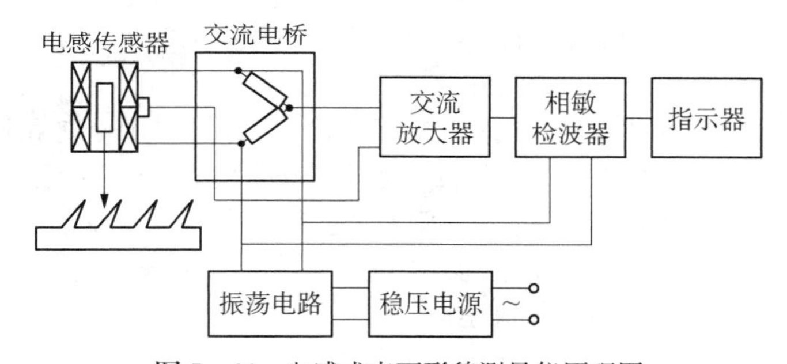

图 5－44　电感式表面形貌测量仪原理图

2）涡流式测厚仪

图 5－45 为涡流式测厚仪原理图。当被测金属板厚度发生变化时，δ 值改变，引起 LC 谐振回路阻抗改变，从而产生输出电压。这种传感器为非接触式测量，不受被测试件表面油污、尘垢的影响，测量可靠，使用方便。涡流式传感器还经常用于金属材料表面裂纹、焊接缺陷等无损探伤。被测试件表面有裂纹、夹渣、气泡等时，其电阻率和磁导率均会改变，从而引起激励线圈阻抗的相应改变，产生电信号输出。

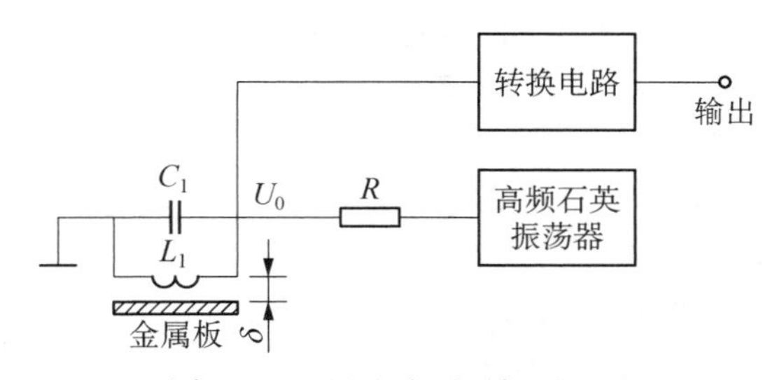

图 5－45　涡流式测厚仪原理图

传感器作为测试装置的前端,其性能直接影响着整个测试装置的精度和可靠性。传感器技术不仅对现代化科学技术、现代化农业及工业自动化的发展起到了基础和支柱作用,同时也被世界各国列为关键技术之一。可以说"没有传感器就没有现代化的科学技术,没有传感器就没有人类现代化的生活环境和条件"。因此,掌握各类传感器的工作原理及相关应用,合理地选用传感器并将其应用于工业现代化,具有极其重要的作用。

思考与练习

1. 金属电阻应变片与半导体应变片,工作效应有何不同?使用时应如何进行选用?

2. 为什么说压电式传感器只适用于动态测量而不能用于静态测量?

3. 为什么说极距变化型电容传感器是非线性的?采取什么措施可改善其非线性特性?

4. 电容式、电感式、电阻应变式传感器的测量电路有何异同?举例说明。

5. 按接触式与非接触式区分传感器,列出它们的名称、变换原理、适用对象。

6. 欲测量液体压力,拟采用电容式、电感式、电阻应变式和压电式传感器,请绘出可行方案的原理图,并做比较。

7. 能量转换型传感器和能量控制型传感器有何主要不同?结构型与物性型传感器有何主要不同?试举例说明。

8. 有一钢板,原长 $l=1\,\text{m}$,钢板弹性模量为 $E=2\times10^{11}\,\text{Pa}$,使用 BP-3 箔式应变片 $R=120\,\Omega$,灵敏度系数 $S=2$,测出的拉伸应变值为 $300\,\mu\varepsilon$。求钢板伸长量 Δl、应力 σ、$\Delta R/R$ 及 ΔR。如果要测出 $1\,\mu\varepsilon$ 应变值,则相应的 $\Delta R/R$ 是多少?

9. 有一电阻应变片(图 5-46),其灵敏度 $S=2$,$R=120\,\Omega$,设工作时其应变为 $1\,000\,\mu\varepsilon$,求 ΔR。设将此应变片接成图中所示电路,试求:①无应变时电流表示值;②有应变时电流表示值;③电流表示值相对变化量。并试分析这个变量能否从表中读出?

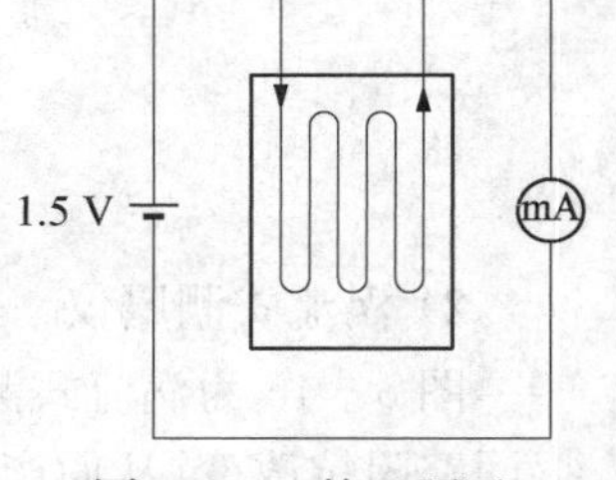

图 5-46 第 9 题图

10. 一个电容测微仪,其传感器的圆形极板半径 $r=4\,\text{mm}$,工作初始间隙 $d_0=0.3\,\text{mm}$,通过测量得到电容变化量为 $\Delta C=\pm3\times10^{-3}\,\text{pF}$,求传感器与工件之间由初始间隙变化的距离 Δd。如果测量电路的放大倍数 $k_1=100\,\text{V/pF}$,读数仪表的灵敏度 $s_2=5$ 格/mV,求此时仪表指示值变化格数。

11. 压电加速度计(图 5-47)的固有电容为 C_a,连接电缆电容为 C_c,输出电压灵敏度 $S_u=u_0/a$(a 为输入加速度),输出电荷灵敏度 $S_q=q/a$。求:

(1) 传感器的电压灵敏度与电荷灵敏度之间的关系。

(2) 如已知 $C_a=1\,000\,\text{pF}$,$C_c=100\,\text{pF}$,标定的电压灵敏度为 $100\,\text{mV}/g$,求电荷灵敏度 S_q。如果改用 $C_c=300\,\text{pF}$ 的电缆,求此时的电压灵敏度 S_u,并请指出电荷灵敏度的变化。(g 为重力加速度)

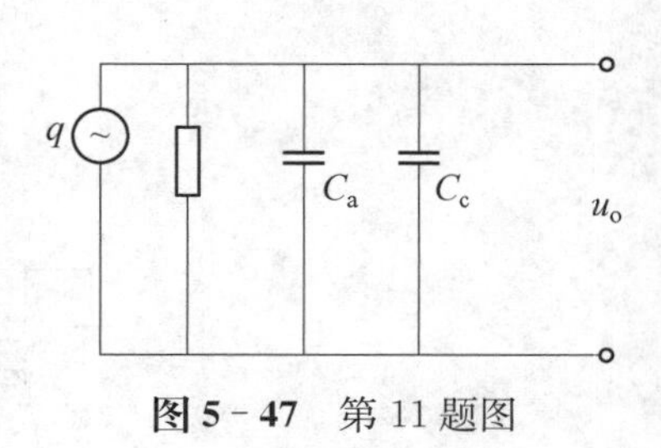

图 5-47 第 11 题图

12. 压电加速度计与电荷放大器连接的等效电路如图5-48所示。图中C为传感器固有电容、电缆电容和放大器输入电容之和。已知传感器的电荷灵敏度$S_q = 100$ pC/g，反馈电容$C_f = 0.01\mu$F。试求被测加速度为$a = 0.5g$时，电荷放大器的输出电压。

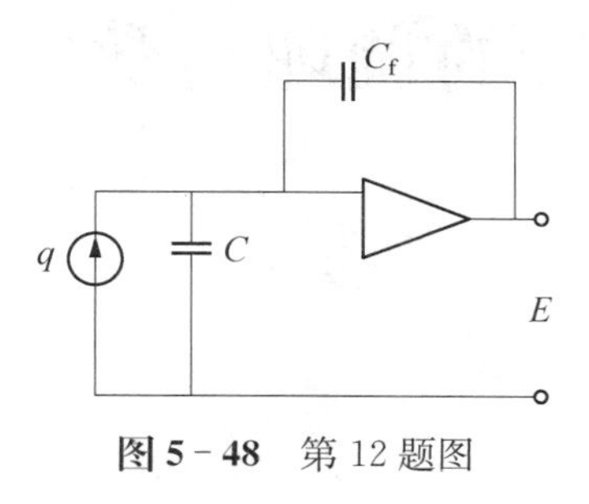

图5-48　第12题图

13. 如图5-49所示正方形平板电容器，极板长度a，极板间距$\delta = 0.2$ mm，若用此面积型传感器测量位移量x，试计算该传感器的灵敏度，并画出传感器的特性曲线。(空气介质的介电常数$\varepsilon_0 = 8.85\times10^{-12}$ F/m)

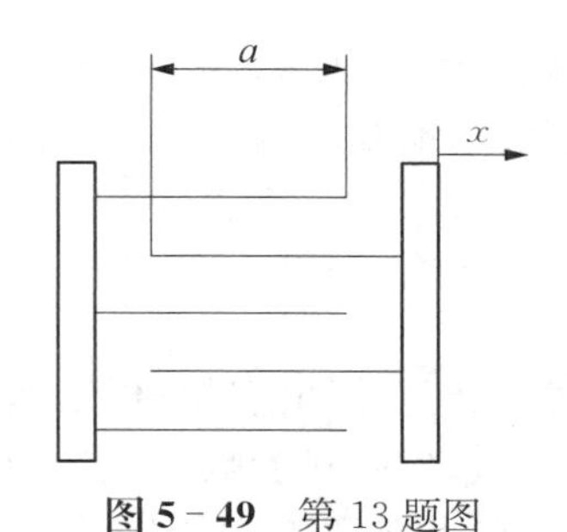

图5-49　第13题图

14. 压电式传感器的灵敏度$S_1 = 10$ pC/MPa，连接灵敏度为$S_2 = 0.008$ V/pC的电荷放大器，所用的笔式记录仪的灵敏度为$S_3 = 25$ mm/V，当压力变化$\Delta p = 8$ MPa时，求记录笔在记录纸上的偏移量。

15. 某加速度计的校准振动台，能做50 Hz，1 g的振动，现有压电式加速度计，标出灵敏度为$S = 100$ mV/g，由于测试要求增加连接电缆的长度，因此要重新标定灵敏度。假定所用阻抗变换器的放大倍数为1，电压放大器的放大倍数为100，标定时，电压表指示值为9.13 V，试画出标定系统原理框图，并计算加速度计的电压灵敏度。

第6章

信号的调理与数字化

◎ **学习成果达成要求**

信号调理的作用是对传感器输出的电信号进行幅值调整、形式转换、抑制噪声等,以利于信号的传送和分析,对于正确采集测量信号具有重要的作用。

学生应达成的能力要求包括:

1. 能够根据测量信号的具体情况,实现常用信号调理方法的设计与选用,包括电桥、滤波器等。

2. 可以通过测量信号的分析,完成测量信号的计算机数据采集,包括确定采样频率、窗函数设计、选用合适的A/D转换器等。

在测试系统中信号的调理是处于传感器和信号分析处理装置之间的环节。其作用是对传感器输出的电信号进行幅值调整、形式转换、排除噪声、信号的预处理等,以利于信号的传送和分析。另外,数据采集技术是信息科学的重要组成部分,传感器信号送入计算机进行处理,必须先将这些连续的物理量离散化,并进行量化编码,从而变成数字量。本章主要介绍常用的信号调理方法,包括电桥、滤波器等,并介绍数字化采样的基本原理与应用知识。

6.1 电桥

在物理构成上电桥由首尾相联的四个阻抗构成,其对角端分别为供桥电源和输出电压。电桥的主要作用是将电阻、电感、电容等参量的变化转换成电压或电流输出,以便后续电路测量和记录。由于电桥测量电路简单可靠,同时具有较高的精度和灵敏度,因此在测试系统中得到了广泛应用。

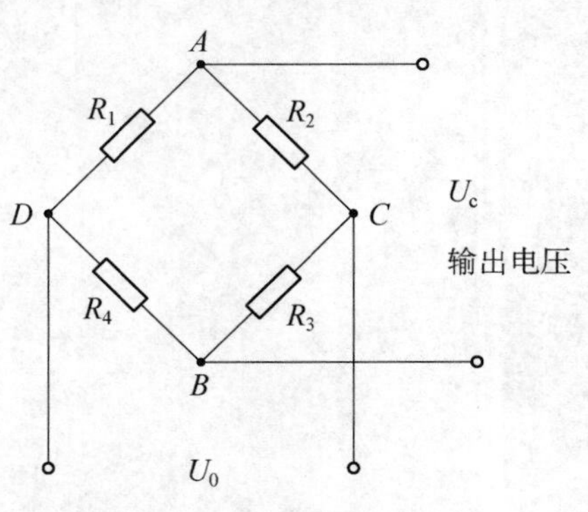

图6-1 直流电桥

6.1.1 电桥的分类

电桥按照激励电源的性质可以分为直流电桥和交流电桥。

6.1.1.1 直流电桥

直流电桥是一种精密的电阻测量仪器,按电桥输出方式的不同可被分为平衡电桥和非平衡电桥。图6-1是直流电桥的基本形式。如图所示,以电阻 R_1、R_2、R_3 和 R_4 组成电桥的四个桥臂,在电桥的两个对角点 C 和 D 之间接入直流电源 U_0 作为电桥的激励电源，另外两个对角点 A 和 B 两端为输出电压 U_c。实际的使用过程中，将电阻值随被测量变化的电阻式传感器元件（如电阻应变片等）作为电桥的一个或多个桥臂，通过测量输出端电压的变化值得到相应的输入阻值变化。

由电路相关知识可知，对于如图 6-1 所示的电路结构，输入电压与输出电压之间的关系可以表示为

$$U_c = U_{DA} - U_{DB} = \frac{R_1R_3 - R_2R_4}{(R_1 + R_2)(R_3 + R_4)}U_0 \tag{6-1}$$

由上式可知，若要使电桥输出为零，应满足

$$R_1R_3 = R_2R_4 \tag{6-2}$$

式(6-2)即为直流电桥的平衡条件。当直流电桥中任何一个或多个电阻值发生变化时，会破坏电桥平衡条件，使电桥输出电压发生变化。实际测量中，通过适当选取四个桥臂的电阻值，可以使得输出电压只与被测量引起的电阻变化量有关。在测试系统中，根据电桥连接方式的不同，可以将电桥分为单臂电桥连接式、半桥连接式和全桥式，具体方式如图 6-2 所示。

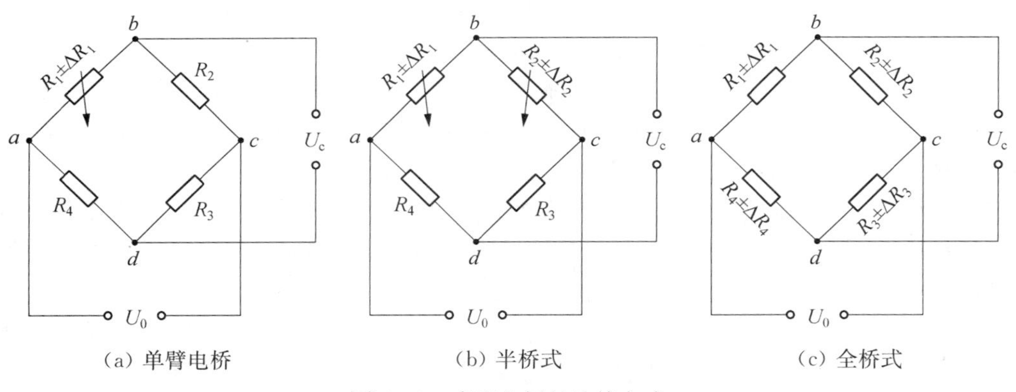

(a) 单臂电桥　　(b) 半桥式　　(c) 全桥式

图6-2　直流电桥的连接方式

对于如图 6-2a 所示的单臂电桥，工作过程中只有一个桥臂的电阻值 R_1 随被测量的变化产生 ΔR_1 的变化，此时电桥的输出电压为

$$U_c = \left(\frac{R_1 + \Delta R_1}{R_1 + \Delta R_1 + R_2} - \frac{R_4}{R_3 + R_4}\right)U_0 \tag{6-3}$$

为简化桥路，设计时通常使得相邻两桥臂的电阻值相等。特别地，当四个桥臂电阻值均相等，即 $R_1 = R_2 = R_3 = R_4 = R_0$，且计 $\Delta R_1 = \Delta R$ 时，输出电压可以表示为

$$U_c = \frac{\Delta R}{4R_0 + 2\Delta R}U_0 \tag{6-4}$$

通常情况下，$\Delta R \ll R_0$，此时上式可以简化为

$$U_c \approx \frac{\Delta R}{4R_0}U_0 \tag{6-5}$$

由式(6-5)可知，单臂直流电桥的输出电压与激励电压成正比，且满足 $\Delta R \ll R_0$ 的条件

时,输出电压也与 $\Delta R/R_0$ 成正比。

类似地,对于如图 6-2b 所示的半桥接法,当 $R_1=R_2=R_3=R_4=R_0$,$\Delta R_1=-\Delta R_2=\Delta R$ 且 $\Delta R\ll R_0$ 时,直流电桥输出电压可近似表示为

$$U_c=\frac{\Delta R}{2R_0}U_0 \tag{6-6}$$

对于如图 6-2c 所示的全桥接法,当 $R_1=R_2=R_3=R_4=R_0$,$\Delta R_1=-\Delta R_2=\Delta R_3=-\Delta R_4=\Delta R$ 且 $\Delta R\ll R_0$ 时,直流电桥输出电压可近似表示为

$$U_c=\frac{\Delta R}{R_0}U_0 \tag{6-7}$$

由式(6-5)~式(6-7)可知,对于直流电桥的不同连接方式,其输出电压均与激励电压成正比,只是相应的比例系数不同。若定义直流电桥的灵敏度为

$$S=\frac{U_c}{\Delta R/R_0} \tag{6-8}$$

则单臂电桥、半桥与全桥电路的灵敏度分别为 $U_0/4$、$U_0/2$ 和 U_0。因此,直流电桥接法不同,灵敏度也不同,全桥电路的灵敏度最高。需要指出的是,进行上述分析时,两个相邻桥臂之间的电阻值是反向变化的(一个增大一个减小,如 $\Delta R_1=-\Delta R_2$),此时输出电压的变化是相互叠加的;若两个相邻桥臂电阻同向变化(同时增大或同时减小),则产生的输出电压的变化会相互抵消。这种性质被称为直流电桥的和差特性。因此在将电阻值随被测量变化而变化的电阻式传感元件接入直流电桥时,应保证连接的正确。例如,采用电阻应变片测量悬臂梁的形变时,同时在悬臂梁的上下表面各粘贴一个电阻应变片。此时,上应变片被拉伸,其电阻值增加,而下应变片被压缩,其电阻值减小。这两个应变片接入电桥的相邻两个桥臂时,此时产生的电压输出是相互叠加的,电桥可以获得最大的输出电压。

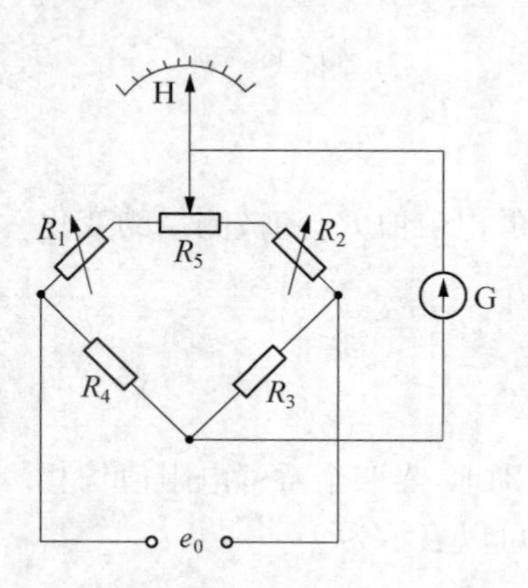

图 6-3 平衡式直流电桥

直流电桥虽然具有电路结构简单、直流电源易于获得,输出也是直流、可选用直流仪表直接进行测量等优点,但是当激励电压不稳定或环境温度发生变化时,都会引起电桥输出电压的变化,从而产生测量误差。为此,常采用如图 6-3 所示的平衡式直流电桥。当被测物理量等于零时,电桥处于平衡状态,即输出电压为零,此时可调电位器 H 与指示仪表 G 的指针均为零。当被测物理量变化使某一桥臂的阻值发生变化时,电桥失去平衡,G 的指针偏离零位。此时调节可调电位器 H,改变电阻 R_5 的触点位置使电桥恢复平衡,G 的指针再次指向零位。电位器 H 所指示的量值即反映了被测量的变化。因此,这种平衡式电桥中 G 始终指向零位,测量精度主要取决于微调电位器的精度,而与电桥激励电压无关,是一种提高测量精度的有效方法。

6.1.1.2 交流电桥

交流电桥的电路结构与直流电桥完全一样,所不同的是激励电压由直流电源转变为交流电源,同时四个桥臂可以是电阻、电感或电容;也就是桥臂上除了有电阻之外,还包含电抗,其

电路图如图6－4所示。交流电桥可以用于测量随被测量变化而变化的各种交流阻抗,如电容量、电感量等。此外还可以测量与电容、电感有关的其他物理量,如互感、磁性材料的磁导率、电容的介质损耗、介电常数和电源频率等,其测量准确度和灵敏度都很高。

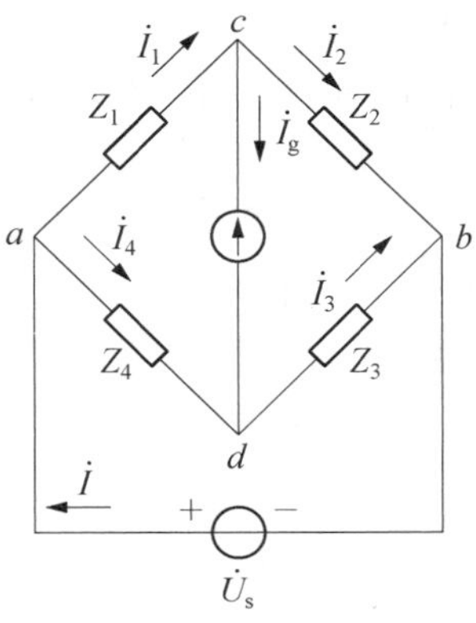

当交流电桥的电压、电流及阻抗都用复数表示时,交流电桥的平衡条件可以表示为与直流电桥类似的形式:

$$Z_1 Z_3 = Z_2 Z_4 \tag{6-9}$$

式中,$Z_1 \sim Z_4$ 为四个桥臂上的交流阻抗,可以按如下的指数形式表示:

$$Z_i = Z_{0i} e^{j\varphi_i} \quad (i = 1, 2, 3, 4) \tag{6-10}$$

图6－4　交流电桥

此时,交流电桥平衡条件可以表示为

$$\left.\begin{aligned} Z_{01} Z_{03} = Z_{02} Z_{04} \\ \phi_1 + \phi_3 = \phi_2 + \phi_4 \end{aligned}\right\} \tag{6-11}$$

式中,$Z_{01} \sim Z_{04}$ 为四个桥臂上的交流阻抗的模;$\phi_1 \sim \phi_4$ 为各阻抗的阻抗角,即各桥臂上电流与电压的相位差。当为纯电阻时,$\phi = 0$;为电感性阻抗时,$\phi > 0$;为电容性阻抗时,$\phi < 0$。利用交流电桥的平衡条件,可以将电容式、电感式等传感器的电容或电感量的变化转换成电压。当交流电桥平衡时,输出电压为零;当桥臂中任意一个阻抗或多个阻抗随被测量的变化而变化时,交流电桥的平衡条件被破坏,输出电压不为零。

由式(6－11)可知,交流电桥的平衡必须满足两个条件:一是相对桥臂上阻抗模的乘积相等;二是相对桥臂上阻抗相角之和相等。为满足交流电桥的平衡条件,交流电桥必须按照一定的方式合理配置桥臂阻抗。如果用任意不同性质的四个阻抗组成一个电桥,不一定能够调节到平衡。在很多交流电桥中,为了使电桥结构简单和调节方便,通常将交流电桥中的两个桥臂设计为纯电阻。如果相邻两臂接入纯电阻,则另外相邻两臂也必须接入相同性质的阻抗。例如若被测对象 Z_x 接在如图6－4所示的第一桥臂上,两相邻臂 Z_2 和 Z_3 为纯电阻即 $\phi_2 = \phi_3 = 0$,那么应有 $\phi_4 = \phi_x$。因此,如果被测对象 Z_x 是电容,则其相邻桥臂 Z_4 也必须是电容;若 Z_x 是电感,则 Z_4 也必须是电感。如果相对桥臂接入纯电阻,则另外相对两桥臂必须为不同性质的阻抗。例如相对桥臂 Z_2 和 Z_4 为纯电阻即 $\phi_2 = \phi_4 = 0$,则 $\phi_3 = -\phi_x$。此时,如果被测对象 Z_x 为电容,则它的相对桥臂 Z_3 必须是电感,而如果 Z_x 是电感,则 Z_3 必须是电容。同时,交流电桥的平衡调节要比直流电桥的调节困难,必须反复调节桥臂上的参数,才能使电桥完全达到平衡。

按照一定的原则合理配置交流电桥四个桥臂上的阻抗,可以使交流电桥达到平衡。从理论上讲,满足平衡条件的桥臂类型可以有许多种。但实际上常用的类型并不多,这是因为:

(1) 桥臂尽量不采用标准电感,由于制造工艺上的原因,标准电容的准确度要高于标准电感,并且标准电容不易受外磁场的影响。所以常用的交流电桥,不论是测电感和测电容,除了被测臂之外,其他三个臂都采用电容和电阻。

(2) 尽量使平衡条件与电源频率无关,这样才能发挥电桥的优点,使被测量只决定于桥臂参数,而不受电源的电压或频率的影响。有些形式桥路的平衡条件与频率有关,这样,电源的频率不同将直接影响测量的准确性。

(3) 在调节电桥平衡的过程中需要反复调节,才能使辐角关系和幅模关系同时得到满足。通常将电桥趋于平衡的快慢程度称为交流电桥的收敛性。收敛性愈好,电桥趋向平衡愈快;收敛性差，则电桥不易平衡或者说平衡过程时间要很长，需要测量的时间也很长。电桥的收敛性取决于桥臂阻抗的性质以及调节参数的选择。所以收敛性差的电桥，由于平衡比较困难也不常用。

实际应用中常用的交流电桥形式主要有电容电桥、电感电桥和电阻电桥三种。

图 6-5 为常用的电容电桥，如图所示两相邻桥臂为纯电阻 R_2 和 R_3，另外两相邻桥臂为 C_1 和 C_4，图中 R_1 和 R_4 可以看作电容介质损耗的等效电阻。因此电容电桥可以用于测量电容变化和损耗角。电容电桥平衡的条件为

$$\left.\begin{aligned} R_1R_3 &= R_2R_4 \\ \frac{R_3}{C_1} &= \frac{R_2}{C_4} \end{aligned}\right\} \tag{6-12}$$

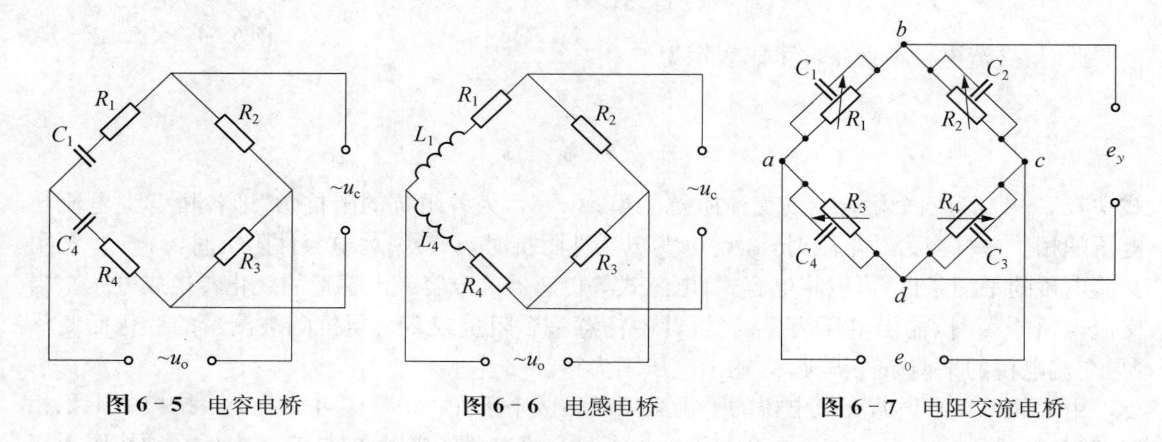

图 6-5　电容电桥　　图 6-6　电感电桥　　图 6-7　电阻交流电桥

图 6-6 为常用的电感电桥，两相邻桥臂分别为电阻 R_2 和 R_3 与电感 L_1 和 L_4，其电桥平衡条件为

$$\left.\begin{aligned} R_1R_3 &= R_2R_4 \\ L_1R_3 &= L_4R_2 \end{aligned}\right\} \tag{6-13}$$

图 6-7 为电阻交流电桥。这种电阻交流电桥与电阻直流电桥的不同点在于：由于激励电压是交流电源，即使各桥臂为纯电阻，导线之间不可避免地存在分布电容，这就相当于各桥臂上并联了电容，不再是纯电阻电桥。因此，除了电阻平衡外，还需要电容来平衡。

对于交流电桥，其激励电源必须具有良好的电压波形与频率稳定性。如果电源电压波形包含了高次谐波，即使对于基波可以实现电桥平衡，对于高次谐波却未必平衡，交流电桥会出现具有高次谐波的电压输出。因此，一般采用音频交流电源（1～5 kHz）作为交流电桥的供桥电源，这样外界工频不容易混入，而且后续交流放大电路也相对简单且没有零漂。

6.1.2　电桥应用案例

1）单臂直流电桥测应变

当采用单臂直流电桥测电阻应变片应变时，可以将电阻应变片作为电桥的一个桥臂，原理如图 6-8 所示。

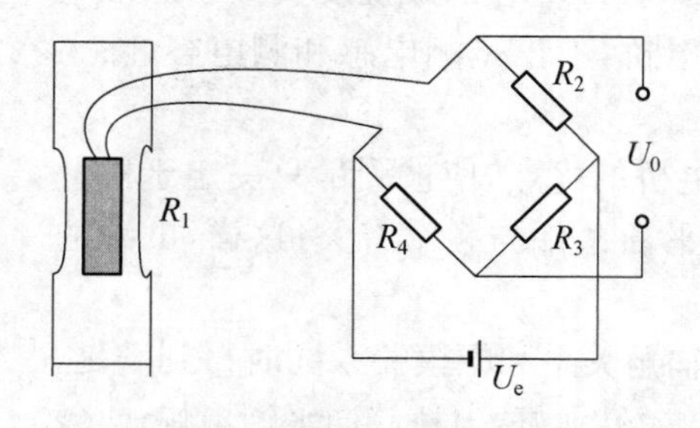

图 6-8　单臂电桥测应变原理图

假设 $R_1 = R_2 = R_3 = R_4 = R_0$，则根据单臂电桥知识可知，输入电压与输出电压之间的关系可以表示为

$$U_0 = \left(\frac{R_1}{R_1 + R_2} - \frac{R_3}{R_3 + R_4}\right)U_e \tag{6-14}$$

当 R_1 由于应变改变为 $R_1 + \Delta R$ 时，此时电桥的输出电压变为

$$U_0 + \Delta U_0 = \left(\frac{R_1 + \Delta R}{R_1 + \Delta R + R_2} - \frac{R_3}{R_3 + R_4}\right)U_e \tag{6-15}$$

由于 $R_1 = R_2 = R_3 = R_4 = R_0$，所以 $U_0 = 0$，而

$$\frac{\Delta U_0}{U_e} = \frac{\Delta R/R}{4 + 2(\Delta R/R)} \tag{6-16}$$

根据电阻应变片知识可知

$$\Delta R/R = \varepsilon(1 + 2\nu) \tag{6-17}$$

式中，ε 为电阻应变片的应变；ν 为应变片的泊松比。

将式(6-17)带入(6-16)可得

$$\Delta U_0 = \frac{\varepsilon(1 + 2\nu)}{4 + 2\varepsilon(1 + 2\nu)}U_e \tag{6-18}$$

通常情况下，$4 \gg 2\varepsilon(1 + 2\nu)$，因此上式可以简化为

$$\Delta U_0 = \frac{\varepsilon(1 + 2\nu)}{4}U_e \tag{6-19}$$

此时，可以通过直流电桥将电阻应变片的应变转换成为电压输出，而且通过式(6-19)可知电阻应变片的应变与输出电压之间呈线性关系。

2）双臂直流电桥测应变

当采用双臂直流电桥测悬臂梁的应变时，通常将两片电阻应变片分别粘贴在悬臂梁的上下两个表面上，并将应变片接入电桥的相邻桥臂上实现应变的测量，原理如图 6-9 所示。

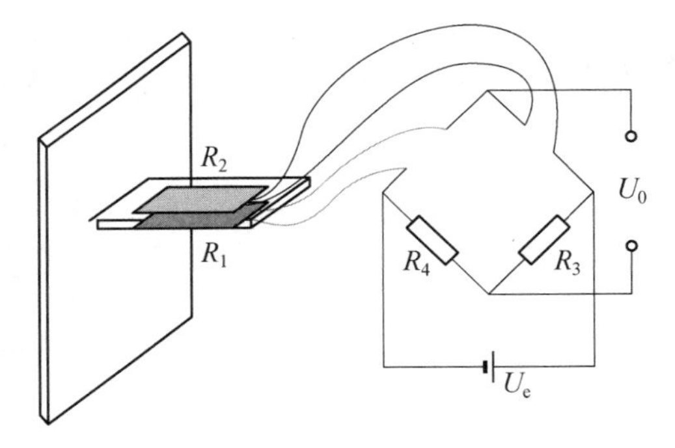

图 6-9 双臂电桥测应变原理图

当悬臂梁发生弯曲变形时，悬臂梁上表面的应变片拉伸、下表面的应变片压缩，此时两个应变片的电阻值变化相反，输出电压可以表示为

$$U_0 + \Delta U_0 = \left(\frac{R_1 + \Delta R}{R_1 + \Delta R + R_2 - \Delta R} - \frac{R_3}{R_3 + R_4}\right)U_e \tag{6-20}$$

当 $R_1 = R_2 = R_3 = R_4 = R_0$ 时，可得

$$\frac{\Delta U_0}{U_e} = \frac{\Delta R}{2R} \tag{6-21}$$

即

$$\Delta U_0 = \frac{\varepsilon(1 + 2\nu)}{2}U_e \tag{6-22}$$

因此,双臂电桥的输出是单臂电桥的两倍。

6.2 滤波器

由传感器直接转换输出的信号不可避免地会存在不需要的干扰信号或者噪声信号,这些无用信号的存在会影响测试系统的精度。因此将传感器的输出信号用于生产控制过程或科学研究等领域之前,需要滤除被测输出信号中的无用信号或噪声信号,也就是需要对测量信号进行滤波处理。

6.2.1 滤波器的概述

1) 滤波的定义

通常情况下,测量信号有多个频率分量,滤波是让被测信号中的有效信号通过而其他不需要的信号成分被抑制或衰减的过程。该过程通常由滤波器实现。

2) 滤波或滤波器的功能

滤波器作为具有频率选择作用的电路或运算处理系统,其在测试系统中的主要功能如下:

(1) 滤除噪声,提取有用的信号;

(2) 将有用信号与噪声分离,提高信号的抗干扰性及信噪比;

(3) 从复杂频率成分中分离出单一的频率分量,如解决混频问题。

3) 滤波器的分类

(1) 滤波器按其所处理的信号性质可以分为:

① 模拟滤波器:对连续的模拟信号进行运算处理的滤波器。

② 数字滤波器:对离散的数字信号进行运算处理的滤波器。

(2) 无论是模拟滤波器还是数字滤波器,按其选频方式的不同都可以分为四类。以模拟滤波器为例,按选频方式不同划分的四类滤波器的幅频特性如图 6-10 所示。

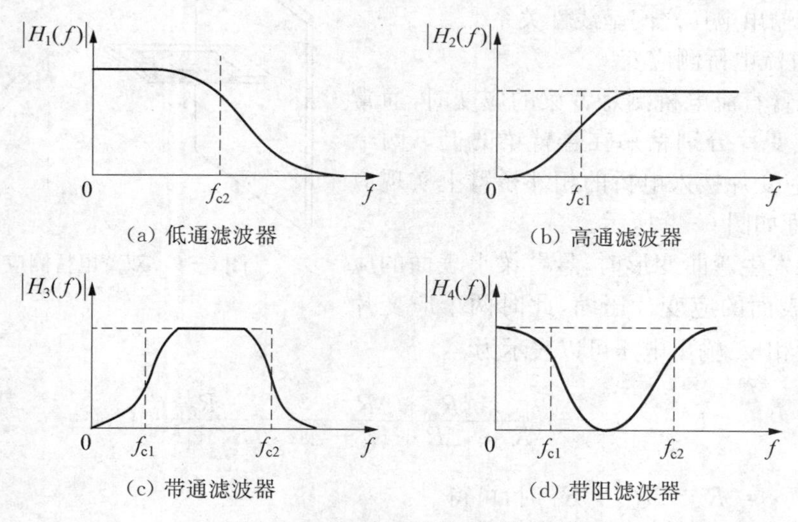

图 6-10 四种滤波器的幅频特性

① 低通滤波器:允许截止频率以下的频率成分通过而高于此截止频率的频率成分被衰减的滤波器。

② 高通滤波器:只允许截止频率之上的频率成分通过的滤波器。

③ 带通滤波器:只允许某一频段范围内的频率分量通过的滤波器。

④ 带阻滤波器：选定频段内的频率被衰减或抑制的滤波器。

6.2.2　模拟滤波器

6.2.2.1　模拟滤波器的性能指标

模拟滤波器是在连续时间系统中对随时间连续的模拟信号进行运算处理的滤波器，以滤除被测输出信号中的无用信号或噪声信号。理想的模拟滤波器是指有用信号的幅值和相位完全不失真传输，对无用信号能完全滤除并衰减为零的滤波器。以理想的模拟低通滤波器为例，其频率响应函数如下式所示：

$$H(f)=\begin{cases}A_0\mathrm{e}^{-\mathrm{j}2\pi f t_0}, & -f_c\leqslant f\leqslant f_c\\ 0, & f<-f_c \text{ 或 } f>f_c\end{cases} \tag{6-23}$$

该理想低通滤波器让某一频率 f_c 内的所有信号完全无任何失真地通过，而频率高于 f_c 的信号则全部衰减，其中 f_c 被称为截止频率，其频率特性曲线如图 6-11 所示。

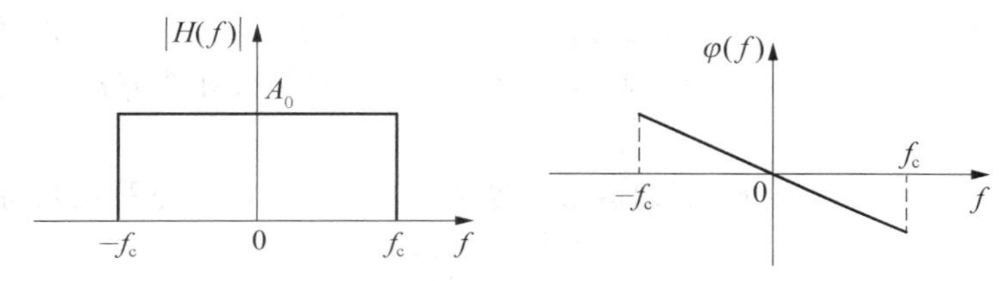

图 6-11　理想模拟低通滤波器的频率特性曲线

理想模拟滤波器作为一种理想化的装置，在工程实际中是不可能实现的。实际的模拟滤波器主要由电阻、电容、电感或集成运放等元件构建电路实现滤波功能，有时也会采用晶体管配合滤波器增强滤波效果。但是，无论怎样都无法实现如图 6-11 所示的理想滤波。实际模拟滤波器与理想模拟滤波器相比必然存在着差别。以实际模拟带通滤波器为例，图 6-12 给出了实际带通滤波器和理想带通滤波器的幅频特性曲线。通过如图 6-12 所示的幅频特性曲线可以明显看出两者的差别。对于理想的带通滤波器，在两截止频率 f_{c1} 与 f_{c2} 之间，其幅频特性为常数 A_0，而在截止频率之外幅频特性为零。对于实际的带通滤波器，其幅频特性曲线无明显的转折点，截止频率范围内的幅频特性也不是常数。对于理想滤波器，尽管它在工程上难以实现，但是只需要规定截止频率就可以说明其性能，而对于实际滤波器，由于它的特性曲线没有明显的转折点，因此需要定义多个性能指标参数对实际滤波器进行描述。

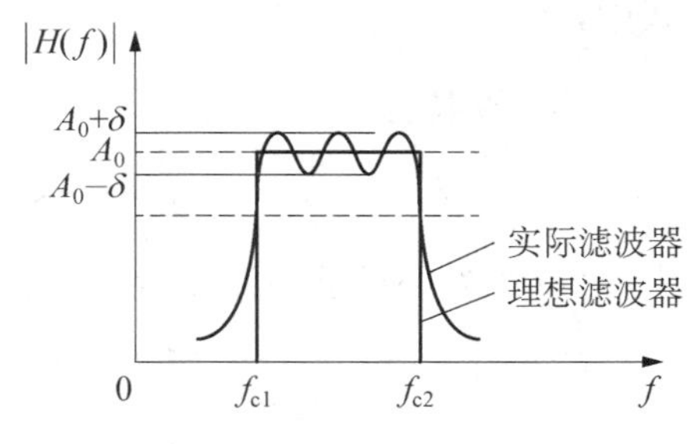

图 6-12　实际带通滤波器和理想带通滤波器的幅频特性曲线

实际滤波器的主要性能指标参数如下：

1）截止频率

当幅频特性值等于 $A_0/\sqrt{2}$ 时所对应的频率 f_{c1}、f_{c2} 即为实际滤波器的截止频率。f_{c1}、f_{c2} 分别被称为下截止频率和上截止频率。

2）带宽

指滤波器上下截止频率之间的频率范围，即 $B=f_{c2}-f_{c1}$。

3）纹波幅度 δ

指实际滤波器在带宽频率范围内的幅值波动值，以 $\pm\delta$ 表示。

4）品质因数 Q

指中心频率 f_0 与带宽 B 之比，即 $Q=f_0/B$，其中中心频率定义为 $f_0=\sqrt{f_{c1}f_{c2}}$。Q越大，分辨率越高。

5）选择性

选择性反映了实际滤波器对带宽外频率成分的衰减能力，一般用实际滤波器过渡带幅频特性曲线的倾斜程度来表示。通常有两种表示方式：

（1）倍频程选择性。与上、下截止频率处相比，频率变化一倍频程时幅频特性的衰减量，即用上截止频率 f_{c2} 与 $2f_{c2}$，或下截止频率 f_{c1} 与 $\frac{1}{2}f_{c1}$ 的幅频特性值之比来表示，即

$$-20\lg\frac{|H(2f_{c2})|}{|H(f_{c2})|}\mathrm{dB}\quad 或 \quad -20\lg\frac{\left|H\left(\frac{f_{c1}}{2}\right)\right|}{|H(f_{c1})|}\mathrm{dB}$$

（2）滤波器因数 λ。通常用幅频特性为 -60 dB 处的带宽 $B_{-60\,\mathrm{dB}}$ 与 -3 dB 处的带宽 $B_{-3\,\mathrm{dB}}$ 之比表示，即 $\lambda=B_{-60\,\mathrm{dB}}/B_{-3\,\mathrm{dB}}$。对于理想滤波器 $\lambda=1$，而对于实际滤波器，一般取 $1<\lambda<5$。通常，λ 越小，选择性越好。

6.2.2.2 几种常见的实际模拟滤波电路及其特性

1）一阶 RC 低通滤波器

最简单的低通滤波器由一个电阻和一个电容组成，其结构如图 6－13 所示。

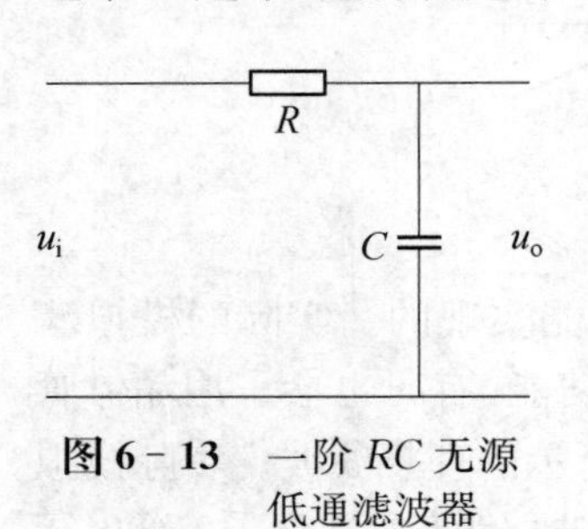

图 6－13 一阶 RC 无源低通滤波器

其频率响应特性可以表示为

$$|H(f)|=\frac{1}{\sqrt{1+(f/f_c)^2}} \tag{6-24}$$

$$\varphi(f)=-\arctan(f/f_c) \tag{6-25}$$

式中，$f_c=\frac{1}{2\pi RC}$。

其主要特性如下：

（1）当 $f\ll\frac{1}{2\pi RC}$ 时，$H(f)\approx1$，$\varphi(f)-f$ 关系近似为一条通过原点的直线。在此情况下，可以认为，RC 低通滤波器是一个不失真传输系统。

（2）当 $f=\frac{1}{2\pi RC}$ 时，$H(f)=\frac{1}{\sqrt{2}}$，此频率值为滤波器的上截止频率。此式表明，R、C 值决定着截止频率，适当地改变 R、C 数值，就可以改变滤波器的截止频率。

（3）当 $f\gg\frac{1}{2\pi RC}$ 时，$H(f)\approx0$，信号发生极大的衰减。

综上，只有 $0\sim\frac{1}{2\pi RC}$ 的频率成分才能通过此滤波器，故为低通滤波器。

2）一阶 RC 高通滤波器

类似地，一阶无源高通滤波器的结构如图 6－14 所示。

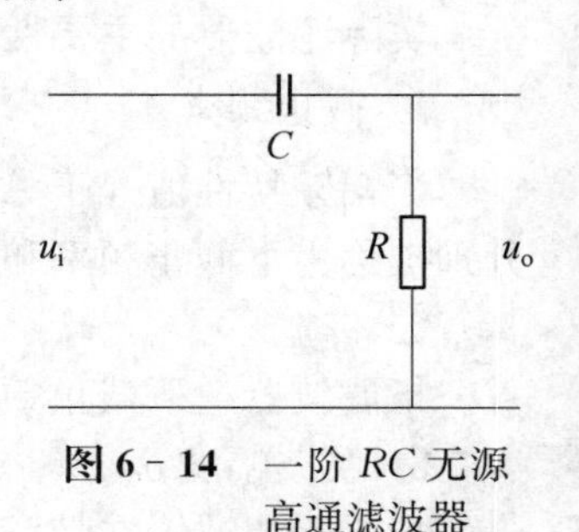

图 6－14 一阶 RC 无源高通滤波器

其频率响应特性可以表示为

$$|H(f)|=\frac{f/f_c}{\sqrt{1+(f/f_c)^2}} \tag{6-26}$$

$$\varphi(f)=90^\circ-\arctan(f/f_c) \tag{6-27}$$

其主要特性如下：

(1) 当 $f=\frac{1}{2\pi RC}$ 时，$H(f)=\frac{1}{\sqrt{2}}$，此频率为低通滤波器的下截止频率。R 与 C 值决定着截止频率，适当地改变 R、C 数值，就可以改变滤波器的截止频率。

(2) 当 $f\gg\frac{1}{2\pi RC}$ 时，$H(f)\approx 1$。即当 f 相当大时，幅频特性接近于 1，相移趋于零，此时 RC 高通滤波器可视为不失真传输系统。

(3) 当 $f\ll\frac{1}{2\pi RC}$ 时，$H(f)\approx 0$，信号发生极大的衰减。

综上，该一阶系统为高通滤波器。

3) RC 带通滤波器

带通滤波器可以由低通滤波器和高通滤波器组合而成。图 6-15 给出了一种 RC 带通滤波器。

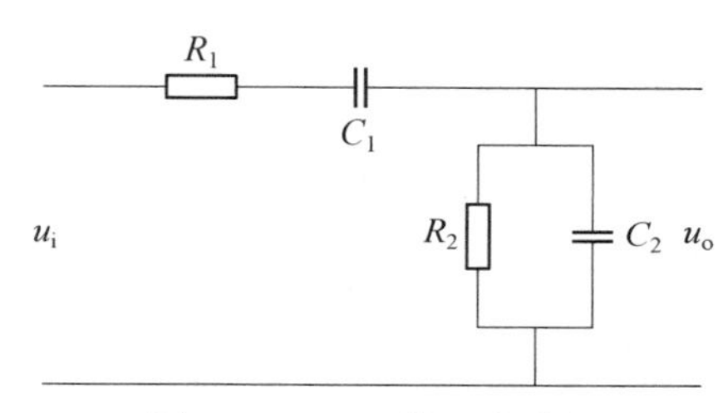

图 6-15 *RC* 带通滤波器

一阶 RC 滤波器在过渡带内的衰减速率非常慢，每个倍频程只有 6 dB，通带和阻带之间没有陡峭的界限，故这种滤波器的性能较差。

为使滤波器产生较为陡峭的边缘，可以采用电感与电容组合而成的滤波器。另外，采用多个 RC 环节或 LC 环节组合的方式，可以使滤波器的性能产生明显的改善，使过渡带曲线的陡峭度得到提高。

6.2.2.3 模拟滤波器的设计

滤波器作为一种选频装置，目的是为了除去无用的频率成分。由前述知识可知，当一个频谱为 $X(e^{j\omega})$ 的输入信号通过一个频率特性为 $H(e^{j\omega})$ 的线性系统时，其输出响应为 $Y(e^{j\omega})=X(e^{j\omega})H(e^{j\omega})$。如果 $H(e^{j\omega})$ 的幅值在某些频率上较小，那么输入信号中对应的这些频率分量就会在输出时被抑制，实现滤波。因此，模拟滤波器设计的一个重要目标是，确定一个物理可实现的稳定的传递函数，使其具有适当的参数，来逼近一个具有指定频率特性的系统。

尽管滤波器根据选频方式的不同可以分为低通、高通、带通和带阻四种，但是四种滤波器之间有确定的运算关系，所以在实际的滤波器设计中通常是通过低通滤波器的设计来实现其他三类滤波器的设计。也就是将高通、带通和带阻三种滤波器的设计通过频率变换转换成低通滤波器的设计。常用的模拟低通滤波器有巴特沃斯滤波器、切比雪夫滤波器、椭圆滤波器和贝塞尔滤波器四类，这四类滤波器都有严格的设计公式供设计人员使用。下面简单介绍下巴特沃斯滤波器和切比雪夫滤波器的设计。其余内容请参阅有关模拟滤波器设计和数字信号处理方面的文献或著作。

1) 巴特沃斯滤波器

巴特沃斯滤波器是根据幅频特性在通频带内具有最平坦特性定义的滤波器。所谓最平坦特性，实质上是指对于一个 N 阶滤波器，其幅度平方特性函数的前 $2N-1$ 阶导数在模拟频率 0 处

为 0。巴特沃斯滤波器是以巴特沃斯函数来逼近滤波器幅度平方函数的，其幅度平方函数为

$$|H(j\omega)|^2 = \frac{1}{1+(\omega/\omega_c)^{2N}} \tag{6-28}$$

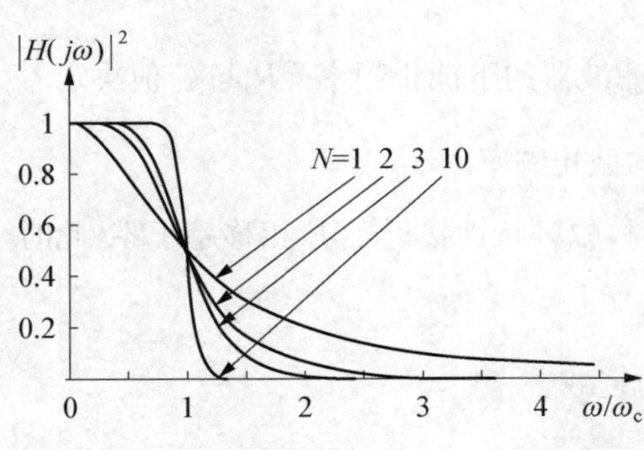

图 6-16 巴特沃斯滤波器幅度平方特性

式中，N 为滤波器的阶次；ω_c 为截止频率。其幅度平方特性如图 6-16 所示。由图可知，巴特沃斯滤波器的幅频特性在通带和阻带内是单调下降的，而且随着阶次 N 的增加而逐渐逼近理想特性。

由式(6-28)可知，巴特沃斯滤波器有两个参数，一个是滤波器的阶次 N，另一个是截止频率 ω_c。而巴特沃斯滤波器的设计正是根据其预先指定的性能指标，主要是通带截止频率 ω_p、通带最大衰减 A_p、阻带截止频率 ω_s 和阻带最小衰减 A_s，来完成这两个参数的确定。下面简单介绍如何由这四个性能指标设计巴特沃斯滤波器。

已知上述四个性能指标与巴特沃斯滤波器的阶次 N 及截止频率 ω_c 关系如下：

$$\left.\begin{aligned}(\omega_p/\omega_c)^{2N} &= 10^{A_p/10}-1\\(\omega_s/\omega_c)^{2N} &= 10^{A_s/10}-1\end{aligned}\right\} \tag{6-29}$$

在已知巴特沃斯滤波器四个性能指标之后可根据式(6-29)得到巴特沃斯滤波器的阶次 N 及截止频率 ω_c。设巴特沃斯滤波器的传递函数为 $H(s)$，则 $H(s)$ 与 N 及 ω_c 之间的关系式可以表示为

$$H(s) = \frac{\omega_c^N}{\sum_{i=1}^{N}(s-s_i)} \tag{6-30}$$

式中，s_i 为巴特沃斯滤波器传递函数的极点，由下式给出：

$$s_i = \omega_c e^{j\frac{\pi}{2}\left(1+\frac{2i-1}{N}\right)} \tag{6-31}$$

由此，便根据滤波器的性能指标确定了巴特沃斯滤波器的传递函数。综上，模拟低通巴特沃斯滤波器的设计步骤如下：

(1) 根据性能指标确定滤波器的阶次；

(2) 确定滤波器的截止频率；

(3) 确定滤波器的极点；

(4) 确定滤波器的传递函数。

2) 切比雪夫滤波器

当巴特沃斯滤波器的阶次 N 较小时，阻带幅频特性下降缓慢，要想使其幅频特性接近理想低通滤波器就必须要增加滤波器阶次，这会使滤波器变得更加复杂。同时，由于巴特沃斯滤波器的幅频特性在通带和阻带内都是随着频率的增加而单调下降，因此当通带边界处满足性能指标要求时，阻带内肯定会有裕量。一种更为有效的设计方法应该是将精确度均匀分布在整个通带或阻带内，这样就可以用较低的阶次来满足设计要求。为此，可以使用具有等波纹特性的切比雪

夫滤波器来实现。切比雪夫滤波器有两种形式：通带等波纹阻带单调的切比雪夫 1 型滤波器和通带单调阻带等波纹的切比雪夫 2 型滤波器。它们的幅度平方特性曲线如图6－17 所示。

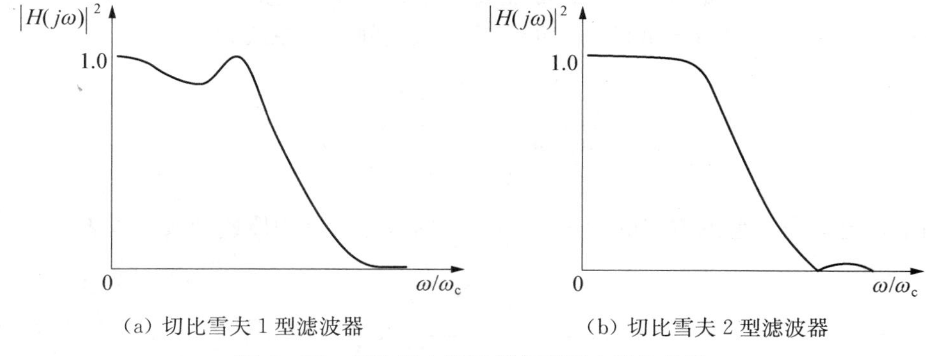

(a) 切比雪夫 1 型滤波器　　(b) 切比雪夫 2 型滤波器

图 6－17　切比雪夫滤波器幅度平方特性曲线

切比雪夫 1 型滤波器的幅度平方函数为

$$|H(j\omega)|^2=\frac{1}{1+[r_p C_N(\omega/\omega_p)]^2} \tag{6-32}$$

式中，N 为滤波器的阶次；r_p 为与通带波纹有关的参数，r_p 越大，通带波纹越大；ω_p 为通带截止频率；C_N 为 N 阶切比雪夫多项式，公式如下：

$$C_N(x)=\begin{cases}\cos[N\arccos(x)], & |x|\leqslant 1\\ \cosh[N\text{arcosh}(x)], & |x|>1\end{cases} \tag{6-33}$$

与巴特沃斯滤波器类似，切比雪夫 1 型滤波器的设计也主要是根据滤波器预先指定的通带截止频率 ω_p、通带最大衰减 A_p、阻带截止频率 ω_s 和阻带最小衰减 A_s 等性能指标参数完成 N 和 r_p 两个参数的确定。简要的设计过程如下。

已知，N 和 r_p 与滤波器性能指标参数之间的关系式如下：

$$\left.\begin{aligned} r_p &= (10^{A_p/10}-1)^{1/2}\\ N &\geqslant \frac{\text{arcosh}(\sqrt{10^{A_s/10}-1}/r_p)}{\text{arcosh}(\omega_s/\omega_p)}\end{aligned}\right\} \tag{6-34}$$

在确定切比雪夫 1 型滤波器的阶次 N 及 r_p 之后，滤波器的传递函数 $H(s)$可以表示为

$$H(s)=\frac{\omega_p^N}{2^{N-1} r_p \sum_{i=1}^{N}(s-s_i)} \tag{6-35}$$

式中，s_i 为切比雪夫 1 型滤波器传递函数的极点，由下式给出：

$$s_i=-\omega_p\sin\left(\frac{2i-1}{2N}\pi\right)\sinh\left[\frac{\text{arsinh}(1/r_p)}{N}\right]+j\omega_p\cos\left(\frac{2i-1}{2N}\pi\right)\cosh\left[\frac{\text{arcosh}(1/r_p)}{N}\right] \tag{6-36}$$

切比雪夫 2 型滤波器，又称为反切比雪夫滤波器，其幅度平方函数为

$$|H(j\omega)|^2=\frac{1}{1+r_s^2/[C_N(\omega_s/\omega)]^2} \tag{6-37}$$

式中，r_s 为与阻带波纹有关的参数；ω_s 为阻带截止频率。

与巴特沃斯滤波器及切比雪夫 1 型滤波器类似，切比雪夫 2 型滤波器的设计主要是根据滤波器预先指定的通带截止频率 ω_p、通带最大衰减 A_p、阻带截止频率 ω_s 和阻带最小衰减 A_s 确定 N 和 r_s。其中，N 和 r_s 与滤波器性能指标参数之间的关系式如下：

$$\left.\begin{aligned} r_s &= (10^{A_s/10}-1)^{1/2} \\ N &\geqslant \frac{\operatorname{arcosh}(r_s/\sqrt{10^{A_p/10}-1})}{\operatorname{arcosh}(\omega_s/\omega_p)} \end{aligned}\right\} \tag{6-38}$$

在确定切比雪夫 2 型滤波器的阶次 N 及 r_s 之后，滤波器的传递函数可以表示为

$$H(s) = K\frac{\sum_{i=1}^{N}(s-z_i)}{\sum_{i=1}^{N}(s-s_i)} \tag{6-39}$$

式中，K 为系数；z_i 为切比雪夫 2 型滤波器传递函数的零点；s_i 为切比雪夫 2 型滤波器传递函数的极点。它们由以下公式给出：

$$\left.\begin{aligned} K^2 &= \frac{1}{r_s^2+1}, \quad N\text{ 为偶数} \\ K^2 &= \frac{N^2(j\omega_s)^2}{r_s^2}, \quad N\text{ 为奇数} \end{aligned}\right\} \tag{6-40}$$

$$s_i = \frac{-\omega_s\sin\left(\frac{2i-1}{2N}\pi\right)\sinh\left[\frac{\operatorname{arsinh}(1/r_s)}{N}\right]+j\omega_s\cos\left(\frac{2i-1}{2N}\pi\right)\cosh\left[\frac{\operatorname{arcosh}(1/r_s)}{N}\right]}{\left\{\sin\left(\frac{2i-1}{2N}\pi\right)\sinh\left[\frac{\operatorname{arsinh}(1/r_s)}{N}\right]\right\}^2+\left\{\cos\left(\frac{2i-1}{2N}\pi\right)\cosh\left[\frac{\operatorname{arcosh}(1/r_s)}{N}\right]\right\}^2} \tag{6-41}$$

$$z_i = \frac{j\omega_s}{\cos\left(\frac{2i-1}{2N}\pi\right)} \tag{6-42}$$

前面主要介绍了巴特沃斯模拟滤波器和切比雪夫模拟滤波器的设计，设计的关键是如何通过滤波器的性能指标参数确定滤波器传递函数的阶次和零极点等参数。这种设计的特点是能够简单地通过数学公式很快得到所需要的模拟滤波器。基于此设计的巴特沃斯模拟滤波器和切比雪夫模拟滤波器各有优缺点，例如在相同的阶次下巴特沃斯滤波器的通带最平坦，阻带下降慢；而切比雪夫滤波器的通带等纹波，阻带下降较快。在设计中该具体选用何种滤波器，需要根据电路或系统的具体要求而定。

6.2.3 数字滤波器

虽然模拟滤波器具有简单、实时性好、设计方法成熟等优点，但是它的精度差。由前所述，模拟滤波器是由电阻、电感、电容、集成运放等电子元器件构成的，滤波器电路对元件的数值非常敏感，而且容易受到温度、湿度等外界因素的影响，同时如果需要提高模拟滤波器的滤波效果就需要增加滤波器的阶次，也就是电感或电容元件的个数，这一方面会使系统更复杂，稳定性变差；同时也会提高成本。随着计算机技术和数字信号处理技术的发展，模拟滤波器的这些问题都可以通过数字滤波器进行解决。

6.2.3.1 **数字滤波器概述**

数字滤波器的功能是对输入离散信号的数字代码进行运算处理,以达到改变信号频谱的目的。在实现形式上,数字滤波器是由数字乘法器、加法器和延时单元等组成的一种算法或装置。它可以是计算机软件程序,也可以是专业的集成数字电路。如果采用的是通用的计算机程序,只要简单地修改程序就可以实现不同的滤波要求,但是处理的速度较慢;如果采用专用的集成电路,它是按照相应的运算方法制成的,只要连接信号就可以实现滤波,处理速度快,但是功能不易修改。需要指出的是,数字滤波器不能直接对模拟信号进行滤波,应用数字滤波器处理模拟信号时,需要首先对模拟信号进行限带、抽样和模数转换等操作将其转换成数字信号。实现数字滤波的基本流程如图 6-18 所示。

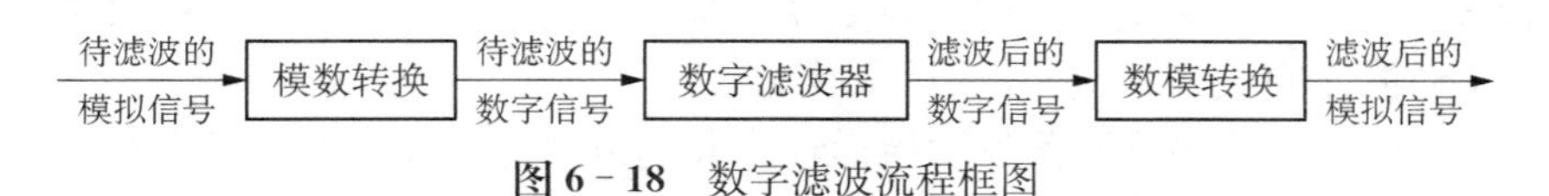

图 6-18 数字滤波流程框图

由于数字滤波器是按照程序计算信号实现滤波的功能,因此对于数字滤波器而言,增加滤波功能实际上就是增加相应的程序,无须增加电子元器件,因此数字滤波器不受电子元器件误差的影响,可以摆脱模拟滤波器受电子元器件限制的问题。同时,数字滤波器具有高精度、高可靠性、可以重复使用、易于修改、便于集成等优点,因而得到了越来越多的应用。

1) 表示方法

与模拟滤波器类似,数字滤波器也可以使用传递函数和频率响应进行表示和分析,但是两者在表示方式上又存在很大不同。对于模拟滤波器,描述其系统特性用到的是常系数微分方程,对微分方程两边做拉式变换可以得到模拟滤波器的传递函数。而对于数字滤波器,描述其系统特性用到的是差分方程。对于差分方程,无法进行拉式变换,而是采用 z 变换。对差分方程两边做 z 变换并简化,便可以得到数字滤波器的传递函数。数字滤波器的传递函数反映了系统在复频域内的特性。同时,与模拟滤波器类似,只须将数字滤波器传递函数中的 z 用 $e^{j\omega}$ 替换就可以得到数字滤波器的频率响应函数,分析其频率特性。

此外,数字滤波器还可以采用差分方程、方框图、算法、零极点图、信号流图等方式进行表示和分析。这方面的内容可以查阅有关数字滤波器方面的文献和著作,本书不再赘述。

2) 分类

和模拟滤波器一样,数字滤波器可以按照其选频方式分为低通、高通、带通、带阻等几种形式。从实现方式上,数字滤波器可以分为 IIR 滤波器(无限长单位冲激响应滤波器)和 FIR 滤波器(有限长单位冲激响应滤波器)。此外,还可以按照设计方法、处理信号等不同标准进行划分。

3) 技术指标

如前所述,数字滤波器可以比模拟滤波器滤波效果更好,相应的数字滤波器的技术指标也比较高。模拟滤波器常用的技术指标是截止频率,即 -3 dB 处对应的频率。而对于数字滤波器常用的技术指标有四个:通带截止频率、通带最大衰减、阻带截止频率和阻带最小衰减。它们是设计滤波器时的重要指标,也是逼近理想滤波器的重要指标。

6.2.3.2 **数字滤波器的设计**

在数字滤波器的设计过程中,针对 IIR 滤波器和 FIR 滤波器这两种滤波器,分别具有不同的方法。但是无论是IIR滤波器还是FIR滤波器，其设计都包含以下几个步骤：

(1) 根据要求，确定所需设计滤波器的技术指标；

(2) 设计数字滤波器稳定的传递函数 $H(z)$，使其逼近所需要的技术指标；

(3) 选用适当的运算结构作为 $H(z)$ 的实现形式；

(4) 根据选定的运算结构，用软件或硬件实现数字滤波器。

1) IIR滤波器的设计

对于IIR滤波器，常用的设计方法有两种：一种是间接设计法，一种是直接设计法。所谓间接设计法就是先设计一个模拟滤波器，然后采用数学变换的方法将这个模拟滤波器映射成数字滤波器。直接设计法则是在数字频率域内或者是在离散时间域内，按照数字滤波器的技术指标进行设计的方法，设计的依据可以是系统的零极点、频谱误差或者单位脉冲响应的误差。对于IIR滤波器间接设计法，其设计步骤如下：

(1) 按一定规则将数字滤波器技术指标转换成模拟低通滤波器的技术指标；

(2) 按照转换后的模拟滤波器技术指标设计模拟低通滤波器原型 $H(s)$；

(3) 按一定规则将模拟低通滤波器原型 $H(s)$ 转换成数字低通滤波器 $H(z)$，完成数字低通滤波器设计；

(4) 如果设计的是数字高通、带通、带阻滤波器，将数字低通滤波器通过频率变换转换成数字高通、带通、带阻滤波器。

间接设计法中，设计数字低通滤波器所需的模拟低通滤波器原型的设计就是前文介绍的模拟低通滤波器的设计，主要包括巴特沃斯滤波器、切比雪夫滤波器、贝塞尔滤波器和椭圆滤波器四类。

完成模拟低通滤波器设计之后，就需要寻找某种数学关系，也就是 s 与 z 之间的对应或映射关系，将模拟滤波器转换成数字滤波器。为了保证转换过程中，数字滤波器和模拟滤波器频率特性之间保持一致性，在将 s 平面映射成 z 平面的过程中，应满足以下两个要求：①s 平面的虚轴必须映射到 z 平面的单位圆上；②s 平面的左半平面必须映射到 z 平面的单位圆内。目前常用的映射方法有脉冲响应不变法、阶跃响应不变法以及双线性变换法三种。

2) FIR滤波器的设计

IIR数字滤波器主要是利用具有成熟设计理论和方法的模拟滤波器来设计的，因此IIR数字滤波器保留了一些典型模拟滤波器的优良的幅频特性。特别是由双线性变换法得到的IIR数字滤波器没有频率混叠的问题，效果很好。但是IIR滤波器的相位特性不好控制，如果需要线性的相位特性就需要对IIR滤波器进行复杂的相位校正。而FIR数字滤波器则可以在幅频特性随意设定的同时还能保持严格的线性相位特性。此外，FIR数字滤波器肯定是稳定的系统，同时它还可以采用快速傅里叶变换的方式过滤信号，从而大大地提高运算效率，因此FIR滤波器得到了越来越广的应用。

与IIR数字滤波器设计不同，FIR数字滤波器的设计与模拟滤波器没有任何联系，它的设计思路是在满足线性相位的要求下，对指定幅频特性的直接逼近，即首先给出要求的理想滤波器的频率响应 $H_{\mathrm{d}}(\mathrm{e}^{\mathrm{j}\omega})$，然后设计一个FIR数字滤波器频率响应 $H(\mathrm{e}^{\mathrm{j}\omega})$ 去逼近理想的滤波响应。目前FIR数字滤波器的主要设计方法是窗函数法和频率采样法。

(1) 窗函数法。窗函数法设计FIR数字滤波器是在时域进行的，因为是在时域内完成设计，因而采用窗函数法设计FIR滤波器时，必须首先由理想的频率响应 $H_{\mathrm{d}}(\mathrm{e}^{\mathrm{j}\omega})$ 推导出对

应的单位取样响应 $h_d(n)$，然后再设计出一个 FIR 数字滤波器的单位取样响应 $h(n)$ 去逼近 $h_d(n)$。

(2) 频率采样法。频率采样法是在频域内根据频域采样定理，对给定的理想滤波器的频率响应 $H_d(e^{j\omega})$ 加以等间隔的抽样得到 $H_d(k)$，然后再利用 $H_d(k)$ 得到 FIR 滤波器的传递函数及频率响应。但是无论是窗函数法还是频率采样法，它们在设计 FIR 数字滤波器时存在一个共同的问题，就是它们的通带或阻带存在幅值波动，在接近通带和阻带的边缘波动最大。因此 FIR 数字滤波还存在优化设计的问题，目前常采用基于最小化最大误差准则和均方差最小化准则的最优化设计。相关内容可以查阅数字滤波器方面的文献。

3) 基于 MATLAB 的数字滤波器设计

目前，MATLAB 信号处理工具箱提供了丰富的数字滤波器函数，只要正确地调用这些函数就可以方便地完成各类滤波器的设计。

用 MATLAB 设计 IIR 滤波器通常包含两个步骤：一是根据技术指标确定滤波器的阶次 N 和截止频率 Wn；二是确定传递函数的系数。MATLAB 提供了 buttord、cheb1ord、cheb2ord、ellipord 函数分别对应于数字巴特沃斯滤波器、数字切比雪夫 1 型滤波器、数字切比雪夫 2 型滤波器和数字椭圆滤波器阶次 N 和截止频率 Wn 的确定。调用方式如下：

```
[N,Wn] = buttord(wp,ws,Rp,Rst)
[N,Wn] = cheb1ord(wp,ws,Rp,Rst)
[N,Wn] = cheb2ord(wp,ws,Rp,Rst)
[N,Wn] = ellipord(wp,ws,Rp,Rst)
```

其中，wp 和 ws 分别为通带截止频率和阻带截止频率；Rp 和 Rst 分别为通带最大衰减和阻带最小衰减。

MATLAB 中的 butter、cheby1、cheby2、ellip 函数分别用于数字巴特沃斯滤波器、数字切比雪夫 1 型滤波器、数字切比雪夫 2 型滤波器和数字椭圆滤波器传递函数系数的求取。其调用方式如下：

```
[B,A] = butter(N,Wn)
[B,A] = butter(N,Wn,'ftype')
[B,A] = cheby1(N,Wn)
[B,A] = cheby1(N,Wn,'ftype')
[B,A] = cheby2(N,Wn)
[B,A] = cheby2(N,Wn,'ftype')
[B,A] = ellip(N,Wn)
[B,A] = ellip(N,Wn,'ftype')
```

其中，B 为数字滤波器传递函数中分子多项式的系数。A 为分母多项式的系数。ftype 用于指定滤波器的类型，ftype＝high 时，为高通滤波器；ftype＝bandpass 时，为带通滤波器；ftype＝stop 时，为带阻滤波器。

此外，MATLAB 还提供了 impinvar 和 bilinear 两个函数，分别实现用脉冲响应不变法和双线性变换法将模拟滤波器转换成数字滤波器。

当基于 MATLAB 设计 FIR 滤波器时，MATLAB 提供了 fir1 和 fir2 两个函数用于完成基于窗函数法的 FIR 滤波器设计。其中 fir1 用于设计传统的低通、高通、带通、带阻和多频带

FIR 滤波器,而 fir2 用于设计具有任意幅频响应的 FIR 滤波器。调用方式如下:

```
b = fir1(N,Wn)
b = fir1(N,Wn,window)
b = fir1(N,Wn,'ftype')
b = fir1(N,Wn,'ftype',window)
```

其中,b 为滤波器的系数向量;window 用于指定窗函数类型,默认为海明窗,窗函数长度为 N+1。用 MATLAB 实现基于频率采样法的 FIR 滤波器设计时,虽然没有专门的函数可供调用,但是编程也非常简单,只需要按照频率采样法的设计步骤就可以很快完成。此外 MATLAB 中还提供了 remez 和 remezord 两个函数完成等波纹 FIR 滤波器的设计,其中 remez 用于估计滤波器的阶次,而 remezord 用于完成等波纹 FIR 滤波器的设计。

以上简单介绍了有关 IIR 和 FIR 数字滤波器的设计。那么两者对比各有什么优缺点呢?从性能上分析,IIR 滤波器可以用较少的阶次获得很高的选择性,所用存储单元少、运算次数低、效率高,但是相位线性度差;而 FIR 滤波器相位具有严格的线性关系,但是如果要获得一定的选择性则需要较高的阶次,增加成本而且信号延时也较大。此外,FIR 数字滤波器不存在稳定性的问题,同时它还可以采用快速傅里叶变换的方式过滤信号,从而大大地提高运算效率。因此 IIR 滤波器和 FIR 滤波器各有优缺点,在实际应用中应根据实际需求进行选取。

6.3 信号的数字化

测试系统工作的目的是获取正确反映被测对象状态和特征的信息,也就是对反映被测对象状态和特征的数据进行有效的采集,以便用于后续的信号运算处理或显示。这些数据可以是模拟量,也可以是数字量。而对信号的处理也分为模拟信号处理和数字信号处理。随着计算机及其他专业数字信号处理设备等的发展,数字信号处理器因其稳定、灵活、快速、高效等优点,得到了广泛应用。但是,数字信号处理器所能处理的信号为数字信号而非模拟信号,传感器等测量器件得到的信号大多数是电压、电流、压力、温度等连续的模拟信号,因此在数字信号的处理中不可避免地要涉及模拟信号的数字化问题,也就是模拟信号转化为数字信号的过程。

模数转换,又称为 A/D 转换,是指模拟信号经过采样、量化、编码等步骤转换成二进制数的过程。其中,采样是使模拟信号在时间上离散化,量化与编码则是把采样后所得到的离散值经过舍、入的方法变换为有限数并转换为二进制数的过程。完成模数转换的电路或器件被称为模数转换器或 A/D 转换器。

要完成模拟信号的数字化,首先就需要进行采样。设模拟信号为 $x(t)$,采样就是用一个等间距的周期脉冲序列 $s(t)$(也称为采样函数)去乘以 $x(t)$。采样函数的时距 T_s 称为采样周期,$f_s = 1/T_s$ 为采样频率。根据傅里叶变换的性质可知,采样后信号频谱应该是模拟信号 $x(t)$ 和采样函数 $s(t)$ 傅里叶变换 $X(f)$ 和 $S(f)$ 的卷积 $X(f) * S(f)$,这相当于将 $X(f)$ 乘以 $1/T_s$,然后平移使其中心落在 $S(f)$ 脉冲序列的频率点上。如果采样信号的频率选取不当,平移后的图形会发生交叠,出现信号失真。这种现象是由于采样频率选取不当造成的混叠现象,其原理图如图 6-19 所示。

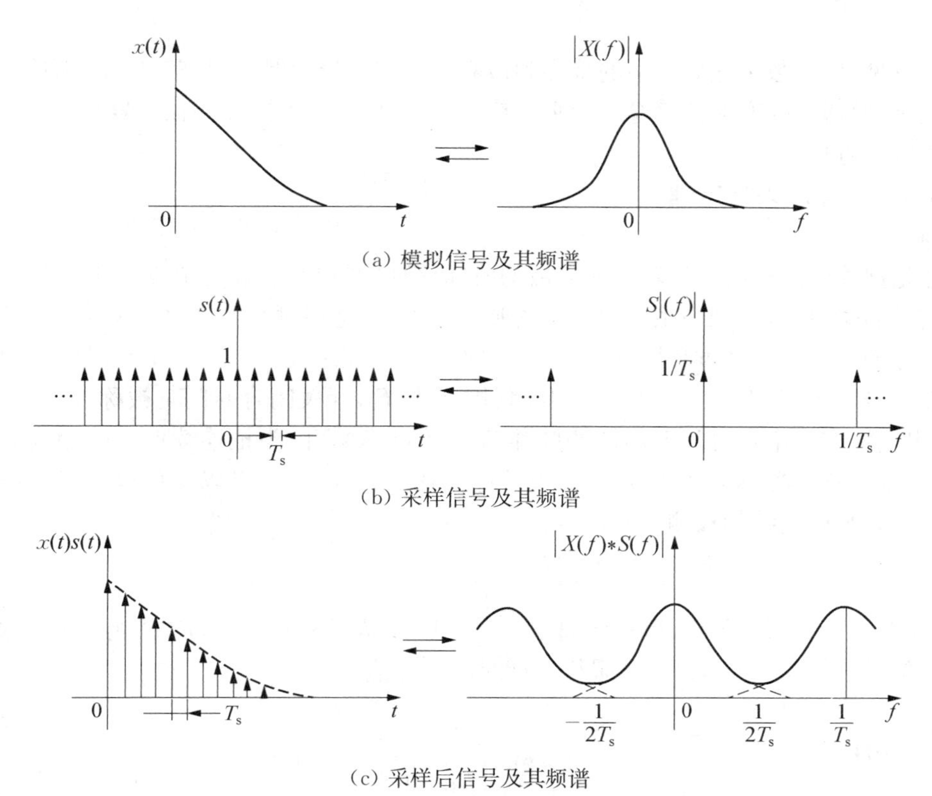

(a) 模拟信号及其频谱

(b) 采样信号及其频谱

(c) 采样后信号及其频谱

图 6-19 采样混叠原理图

此外，数字信号处理器或者计算机对离散的时间序列进行运算处理时，只能处理有限长度的数据，因此必须从采样后信号的时间序列中截取有限长的一段来计算，其余部分按零处理。这相当于把采样后的时间序列乘以一个矩形窗函数 $w(t)$。时域内相乘对应着频域内的卷积。因此，用于截断的窗函数频谱 $W(f)$会引起最终频谱的皱波，其原理图如图 6-20 所示。

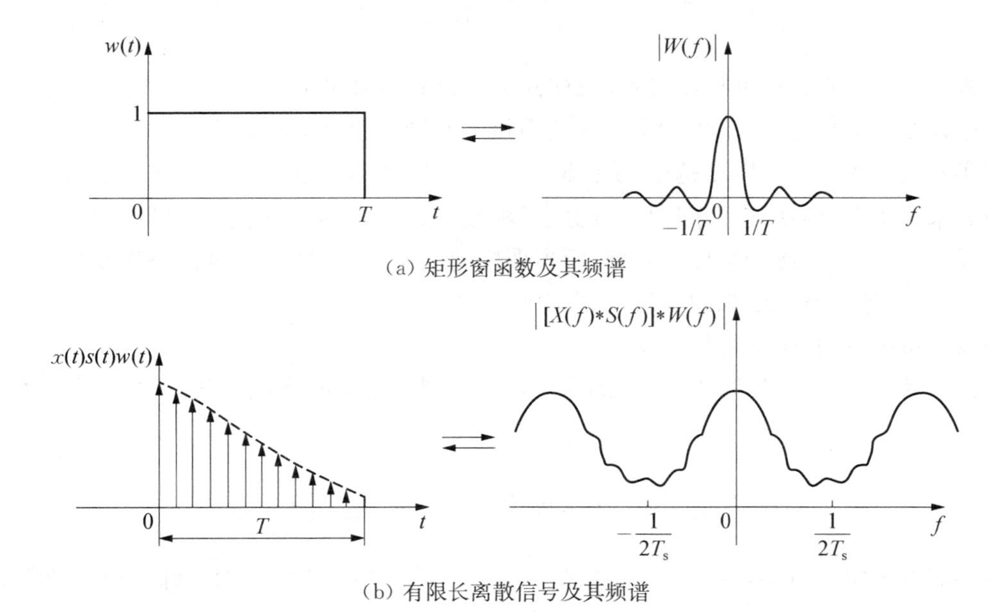

(a) 矩形窗函数及其频谱

(b) 有限长离散信号及其频谱

图 6-20 截断皱波原理图

由此可见,信号数字化处理中的采样和截断会造成信号的混叠和皱波现象,而信号数字化中的量化、离散傅里叶变换计算等也会引起信号的失真或误差,因此要在信号数字化过程中充分注意并有效避免。

6.3.1 采样及采样定理

1) 采样

采样是把连续的时间信号转变成离散的时间序列的过程,也就是周期性地测量连续变化的模拟信号的瞬时值,得到一系列被测量的脉冲序列,用这些时间上离散的脉冲代替原来的连续模拟信号的过程。采样过程原理图如图 6-21 所示,该过程是指将一个在时间和幅值是连续的模拟信号 $x(t)$,通过一系列周期性开闭(周期为 T_s,开关闭合时间 τ 被称为采样时间)之后,在输出端输出一串在时间上离散的脉冲信号 $x_s(nT_s)$。图中把连续信号变换为脉冲序列的装置 K 称为采样器,又称采样开关。采样过程在数学实现上,可以看作以等时间间隔的单位脉冲序列去乘以连续的被测时间信号:

$$x_s(nT_s) = x(nT) \cdot \delta(nT_s) \tag{6-43}$$

式中,$x_s(nT_s)$为采样信号;T_s 为采样周期;$f_s = 1/T_s$ 为采样频率;$x(nT_s)$ 为第 n 个采样周期时的模拟信号值;$\delta(nT_s)$ 为第 n 个采样周期时的脉冲值。

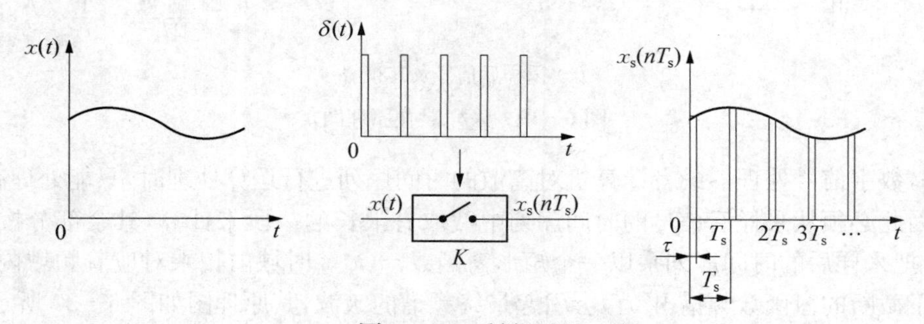

图 6-21 采样过程

采样过程可以看作脉冲调制过程,采样开关可以看成脉冲调制器。这种脉冲调制过程是将输入的连续模拟信号 $x(t)$的波形,转换为宽度非常窄而幅度由输入信号决定的脉冲序列。

在实际应用中,$\tau \ll T_s$,τ 越小,采样输出脉冲的幅度越接近输入信号在离散时间点上的瞬时值。采样周期 T_s 决定了采样信号的质量和数量,当采样周期过小(采样频率过高)时,会使得采样工作量过大,影响采样的效率;而当采样周期过大(采样频率过低)时,采样信号会减少,难以不失真地恢复成原来的信号,从而出现采样误差。

2) 采样的频域解释与混叠现象

由傅里叶变换的定义,间距为 T_s 的采样脉冲序列的傅里叶变换为间距为 $1/T_s$ 的脉冲序列,即

$$s(t) = \sum_{n=-\infty}^{\infty} \delta(t - nT_s) \Leftrightarrow S(f) = \frac{1}{T_s} \sum_{r=-\infty}^{\infty} \delta\left(f - \frac{r}{T_s}\right) \tag{6-44}$$

由频域卷积定理可知,两个时域函数乘积的傅里叶变换等于两者傅里叶变换的卷积,即

$$x(t)s(t) \Leftrightarrow X(f) * S(f) \tag{6-45}$$

考虑到 δ 函数与其他函数卷积的特性，上式可写为

$$X(f)*S(f)=X(f)*\frac{1}{T_s}\sum_{r=-\infty}^{\infty}\delta\left(f-\frac{r}{T_s}\right)=\frac{1}{T_s}\sum_{r=-\infty}^{\infty}X\left(f-\frac{r}{T_s}\right) \tag{6-46}$$

上式即为 $x(t)$ 经由间隔为 T_s 的采样之后所得到的采样信号的频谱。一般地说，采样信号的频谱和原连续信号的频谱 $X(f)$ 并不一定相同，但有联系。采样信号的频谱是将原信号的频谱 $X(f)$ 依次平移 $1/T_s$ 至各采样脉冲对应的频域序列点上，然后全部叠加而成。由此可知，连续信号经时域采样转变为离散信号之后，采样信号的频域函数相应地转变为周期为 $1/T_s=f_s$ 的周期函数。这就是采样过程的频域解释。

由上述分析可知，采样周期或采样频率的选取至关重要。如果采样的间隔 T_s 过大，即采样频率 f_s 太低，采样信号频谱的平移距离 $1/T_s$ 就会过小，那么移至各采样脉冲所在处的频谱 $X(f)$ 就可能会发生重叠现象，这种现象被称为混叠，如图 6-22a 所示。此外，还可以从时域的角度对混叠现象进行分析，如图 6-22b 所示，当用过大的采样周期 T_s 对图中两个不同频率的正弦波采样时，可能会得到一组完全相同的采样值，无法辨识两者的差别，将其中的高频信号误认为某种相应的低频信号，出现了混叠现象。

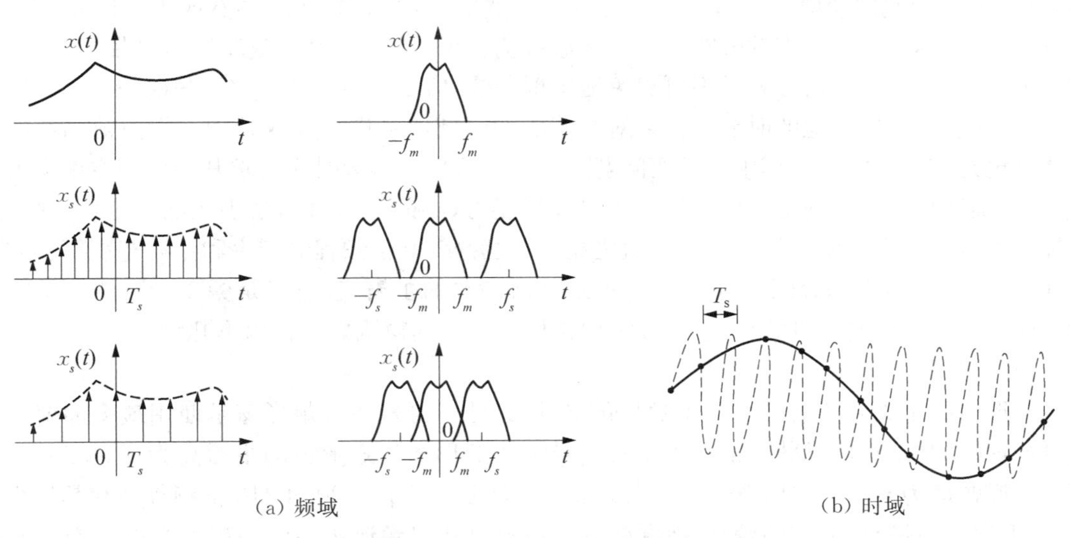

图 6-22　采样引起的混叠现象

3) 采样定理

注意到被采样连续信号的频谱 $X(f)$ 是关于频率 f 的偶函数，并以 $f=0$ 为对称轴；而采样信号的频谱 $X(f)*S(f)$ 是以 f_s 为周期的周期函数。因此，当有混叠现象发生时，混叠必定出现在 $f=f_s/2$ 左右两侧的频率处，一般称 $f_s/2$ 为折叠频率。同时可以证明的是，任何一个大于折叠频率的高频成分 f_1 都将和一个低于折叠频率的低频成分 f_2 相混淆，将高频 f_1 误认为低频 f_2。相当于以折叠频率 $f_s/2$ 为轴，将 f_1 成分折叠到低频成分 f_2 上，它们之间的关系为

$$(f_1+f_2)/2=f_s/2 \tag{6-47}$$

为此，为消除混频现象的发生，首先应保证被采样的原始模拟信号 $x(t)$ 为有限带宽的信号。若不满足此条件，在采样之前，须用模拟低通滤波器滤去其中的高频成分，使其成为有限带宽的信号，这种处理被称为抗混叠滤波预处理。其次，在采样过程中采样频率的选取要满足如下的采样定理：

$$\frac{1}{T_s} = f_s > 2f_h \tag{6-48}$$

式中，f_h 为采样时间间隔内能辨认的连续信号的最高频率。f_s 为采样频率；也就是，采样频率 f_s 应大于有限带宽信号最高频率的 2 倍。

采样定理的目的在于规定一个准则，用它来说明在什么条件下各个频率的重叠可以避免。采样定理的描述有许多种，但都是说明同一内容。其基本内容是：为了使采样信号$x_s(nT_s)$能完全恢复成连续信号 $x(t)$，对一个具有有限频谱 $X(f)$的连续信号 $x(t)$进行采样，当采样频率 $f_s > 2f_h$ 时，采样后得到的信号 $x_s(nT_s)$ 能无失真地恢复成原来的模拟信号 $x(t)$。

需要指出的是，按采样定理所得到的采样频率是理想的下限值，实际上所取采样频率要比该数值大许多倍。譬如工业控制中一般取 $f_s = (2.5 \sim 3)f_h$；而在计算机数据处理或数字仿真系统中则往往取 $f_s = (10 \sim 100)f_h$。

6.3.2 截断、泄露和窗函数

由于数字信号处理器及计算机只能处理有限长的信号，因此必须用窗函数对采样后信号进行截断处理。其中最简单的窗函数为矩形窗函数。由于矩形窗函数的频谱是一个无限带宽的 sinc 函数，因此即使原模拟信号函数是有限带宽信号，在截断之后必然成为无限带宽的信号，这种信号的能量在频率轴分布扩展的现象称为泄漏。同时，由于截断后信号带宽变宽，因此无论采样频率多高，信号总是不可避免地出现混叠，信号截断必然导致一些误差。为了减小截断的影响，常采用其他的时窗函数来对所截取的时域信号进行加权处理。因而窗函数的合理选择也是信号数字化处理中的重要问题之一。在选择窗函数时应力求其频谱的主瓣宽度窄些、旁瓣幅度小些。窄的主瓣可以提高频率分辨能力；小的旁瓣可以减小泄漏。这样，窗函数的优劣可以从最大旁瓣峰值与主瓣峰值之比、最大旁瓣 10 倍频程衰减率和主瓣宽度等三方面来评价。一个好的窗函数主要表现在：一是该窗函数的主瓣突出；二是旁瓣衰减快。实际上两者往往不可兼得，在选用时要视实际需要选用。常用的窗函数包括以下几种。

1）矩形窗

矩形窗的定义和频谱已在前述章节介绍过，此处不再赘述。矩形窗是使用最多的窗。在信号处理时，凡是将信号截断都相当于对信号加了矩形窗。矩形窗的主瓣高为 T，宽为 $2/T$，第一旁瓣幅值为−13 dB、相当于主瓣高的 20%，旁瓣衰减率为 20 dB/10 倍频程。和其他窗比较，矩形窗主瓣最窄，旁瓣则较高，泄漏较大。在需要获得频谱主峰的精确所在频率而对幅值精度要求不高的场合，可选用矩形窗。

2）三角窗

三角窗的函数和频谱分别为

$$w_T(t) = \begin{cases} 1 - \dfrac{2}{T}\mid t\mid, & \mid t\mid \leqslant \dfrac{T}{2} \\ 0, & \mid t\mid > \dfrac{T}{2} \end{cases} \tag{6-49}$$

$$W_T(f) = \frac{T}{2}\mathrm{sinc}\left(\frac{\pi f T}{2}\right) \tag{6-50}$$

三角窗函数及幅频谱如图 6-23 所示，与矩形窗相比，主瓣宽度约为矩形窗的 2 倍，但旁瓣低并且不会出现负值。

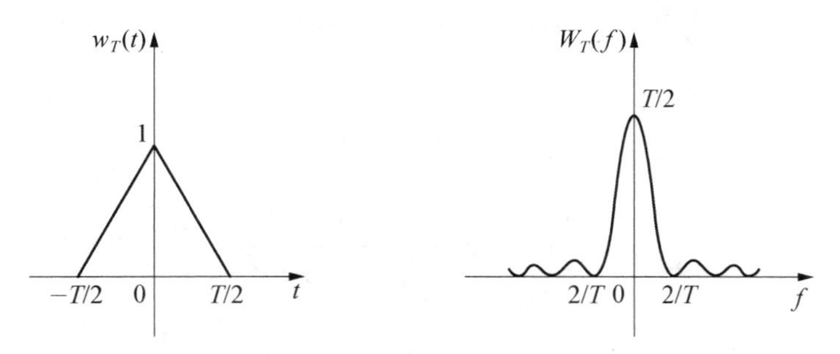

图 6-23　三角窗函数及其幅频谱

3）汉宁窗

汉宁窗又称余弦窗，其函数及频谱分别为

$$w(t)=\begin{cases}\dfrac{1}{2}-\dfrac{1}{2}\cos\left(\dfrac{2\pi t}{T}\right), & |t|<\dfrac{T}{2}\\ 0, & |t|\geqslant\dfrac{T}{2}\end{cases} \tag{6-51}$$

$$W(f)=\frac{1}{2}W_R(f)+\frac{1}{4}\left[W_R\left(f+\frac{1}{T}\right)+W_R\left(f-\frac{1}{T}\right)\right] \tag{6-52}$$

汉宁窗的函数及幅频谱如图 6-24 所示，它的主瓣高为 $T/2$，是矩形窗的一半；宽为 $4/T$，为矩形窗主瓣宽的 2 倍；第一旁瓣幅值为 −32 dB，约为主瓣高的 2.4%，旁瓣衰减率为 60 dB/10 倍频程。相比之下，汉宁窗的旁瓣明显降低，具有抑制泄漏的作用；但主瓣较宽，致使频率分辨能力较差。为了平滑或削弱截取信号的两端，减小泄漏，宜加汉宁窗。

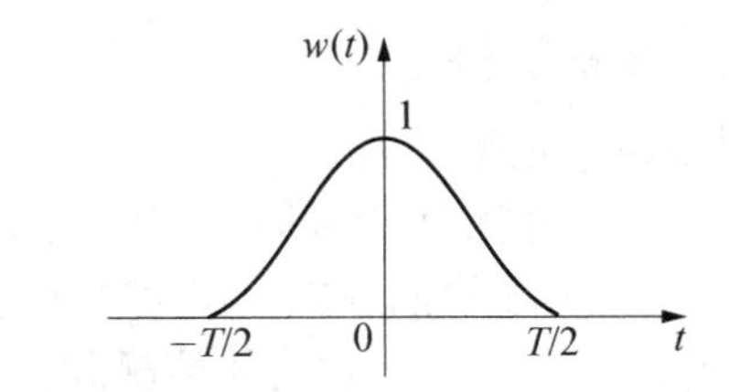

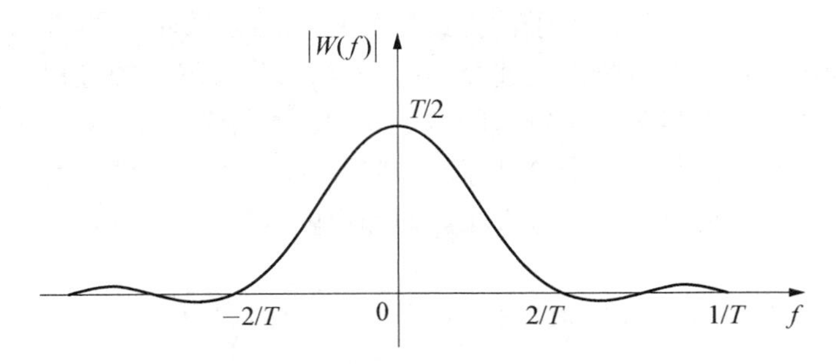

图 6-24　汉宁窗函数及其幅频谱

4）指数窗

在测试系统的脉冲响应中，由于信号随时间衰减，而许多噪声和误差的影响却是定值，因此信噪比随着响应信号的衰减而变差。如果此时采用汉宁窗会把重要的起始段信号大大削

弱。因此对脉冲响应这类信号不宜施加汉宁窗、三角窗等对称型窗函数。此时可以采用指数窗。指数窗的函数及幅频谱分别为

$$w(t)=\begin{cases}e^{-\alpha t}, & t \geqslant 0 \\ 0, & t<0\end{cases} \tag{6-53}$$

$$|W(f)|=\frac{1}{\sqrt{\alpha^2+(2\pi f)^2}} \tag{6-54}$$

式中,α 为衰减系数。

指数窗的特点是无旁瓣,但主瓣很宽,其频率分辨率较低。如果对脉冲响应信号施加指数窗,并选择合理的衰减系数,就可以显著衰减信噪比差的后一部分信号,起到抑制噪声的作用,从而使得到的频谱曲线更加平滑。

6.3.3 量化和编码

采样后得到的信号虽然在时间上是离散的,但是在幅值上仍然是连续的,因此采样后的信号并不是数字信号,还不能被数字处理器或计算机处理。为此,需要继续对采样后的信号进行量化和编码处理,将其转换成计算机可以使用的二进制数。所谓量化就是将采样后信号的幅值(通常是电压)化分成一组离散化的有限电平,并从中选取一个来近似代表采样点的信号实际电平的过程。将量化幅值用二进制代码等表示出来的过程被称为编码。若用 n 位二进制数编码来表示幅值,则最多有 2^n 个电平对采样信号的幅值进行表示,n 也就是 A/D 转换器的位数。如果信号数字化处理中允许的动态工作范围为 D(即采样信号幅值的量程或范围),则两个相邻量化电平之差 Δx 为

$$\Delta x=\frac{D}{2^{n-1}} \tag{6-55}$$

由于量化后的电平是离散的,实际的采样点幅值 $x(i)$ 难以精确地等于某一量化电平,而是会落在两个相邻电平之间,此时在量化过程中就会舍入到某个相近的量化电平上,因此在量化过程中不可避免地会产生误差。这种量化电平与信号实际电平之间的差值被称为量化误差。量化误差的取值范围在 $-\Delta x/2 \sim \Delta x/2$ 的范围内。由上式可知,A/D 转换器的位数越大,量化误差越小。A/D 转换器位数的选取应视信号的具体情况和量化精度要求而定。

6.3.4 A/D 转换器

将模拟信号转变为数字信号的电子器件或装置被称为模数转换器或 A/D 转换器。它实现模拟信号转换为数字信号的过程即上述介绍的采样、量化及编码的过程。通常的 A/D 转换器是将一个输入电压信号转换为一个输出的数字信号。由于数字信号本身不具有实际意义,仅仅表示一个相对大小。故任何一个 A/D 转换器都需要一个参考模拟量作为转换的标准,比较常见的参考标准为最大的可转换信号大小。而输出的数字量则表示输入信号相对于参考信号的大小。

6.3.4.1 A/D 转换器的主要技术指标

1) 分辨率

分辨率是指 A/D 转换器所能分辨模拟输入信号的最小变化量。设 A/D 转换器的位数为 n,满量程电压为 FSR,则分辨率定义为

$$分辨率=\frac{FSR}{2^n} \tag{6-56}$$

另外，也可用百分数来表示分辨率，此时的分辨率为相对分辨率：

$$相对分辨率 = \frac{分辨率}{FSR} \times 100\% = \frac{1}{2^n} \times 100\% \quad (6-57)$$

由式(6-56)可得出A/D转换器分辨率与位数之间的关系，表6-1为A/D转换器分辨率与位数之间的关系，表中*LSB*表示最低有效验数。

表6-1 A/D转换器分辨率与位数之间的关系(满量程电压为10 V)

位数	级数	相对分辨率(1*LSB*)	分辨率(1*LSB*)
8	256	0.391%	39.1 mV
10	1 024	0.097 7%	9.77 mV
12	4 096	0.024 4%	2.44 mV
14	16 384	0.006 1%	0.61 mV
16	65 536	0.001 5%	0.15 mV

由表6-1可以看出，A/D转换器分辨率的高低取决于位数的多少。因此，目前一般用位数n来间接表示分辨率。

2) 量程

量程是指A/D转换器能转换模拟信号的电压范围，例如0～5 V、−5～+5 V、0～10 V、−10～+10 V等。

3) 精度

(1) 绝对精度。绝对精度是指对应于输出数码的实际模拟输入电压与理想模拟输入电压之差。在A/D转换时，量化带内的任意模拟输入电压都能产生同一输出数码。上述定义的模拟输入电压则限定为量化带中点对应的模拟输入电压值。例如：一个12位A/D转换器，理论模拟输入电压为5 V±1.2 mV时，对应的输出数码为100000000000。实际模拟输入电压在4.997～4.999 V范围内的模拟输入都产生这一输出数码，则

$$绝对精度 = \frac{1}{2}(4.997 + 4.999) - 5 = -0.002(\mathrm{V}) = 2(\mathrm{mV})$$

绝对误差一般在±*LSB*/2范围内。绝对误差包括增益误差、偏移误差、非线性误差，也包括量化误差。

(2) 相对精度。相对精度是指绝对精度与满量程电压值之比的百分数，即

$$相对精度 = \frac{绝对精度}{FSR} \times 100\% \quad (6-58)$$

所谓相对精度就是相对于满量程电压值，而满量程电压值是经过校准的。相对精度(或相对误差)用百分比或*LSB*的分数值来表示。

需要指出的是，精度和分辨率是两个不同的概念：精度是指转换后所得结果相对于实际值的准确度；而分辨率是指转换器所能分辨的模拟信号的最小变化值。

4) 转换时间和转换速率

(1) 转换时间t_{CONV}。转换时间是指按照规定的精度将模拟信号转换为数字信号并输出所

需要的时间。一般用微秒(μs)或毫秒(ms)来表示。

(2) 转换速率。转换速率是指每秒钟转换的次数。

5) 偏移误差

偏移误差是使最低有效位成“1”状态时,实际输入电压与理论输入电压之差。这一差值电压称作偏移电压,一般以满量程电压值的百分数表示。该误差主要是失调电压及温漂造成的。一般来说,在一定温度下,偏移电压是可以通过外电路予以抵消。但当温度变化时,偏移电压又将出现。

6) 增益误差

增益误差是指满量程输出数码时,实际模拟输入电压与理想模拟输入电压之差。该误差使传输特性曲线绕坐标原点偏离理想特性曲线一定的角度。一般用满量程电压的百分比表示。

7) 线性误差

线性误差是指在没有增益误差和偏移误差的条件下,实际传输特性曲线与理想特性曲线之差。线性误差是由 A/D 转换器特性随模拟输入信号幅值变化而引起的,因此,线性误差是不能进行补偿的。

6.3.4.2 A/D 转换器应用实例

设某计算机实时系统要求其实时数据采集电路能随机或顺序地采集 64 个幅值在 0~5 V 之间变化的被测变量,并要求转换误差≤50 mV,已知这些被测信号变化的最高频率≤10 Hz,试设计或选择合适的 A/D 转换器。

解: 根据转换误差的要求决定转换位数。

因为数据采集幅值在 0~5 V 之间,$5\ \text{V}/50\ \text{mV} = 100 < 2^8 = 256$,所以选择 8 位的 A/D 转换芯片即可。

由模拟信号变化的最高频率决定最低采样频率,根据最低采样频率确定最大 A/D 转换时间。

由采样定理 $f \geqslant 2f_{\max}$,取最低采样频率为 $10\ \text{Hz} \cdot 10 = 100\ \text{Hz}$,对 64 个通道来说则为:$100 \cdot 64 = 6\,400\ \text{Hz}$

$$1/6\,400(\text{次}/\text{s}) = 156.25\ \mu\text{s}/\text{次}$$

A/D 转换时间包括软件时间与硬件时间,软件时间与硬件结构和 CUP 时钟有关,假设每完成一项采集平均占用 CUP 的时间为 46.25 μs,那么,在完成一次 A/D 转换时,硬件部分占用的时间不能超过 $156.25 - 46.25 = 110(\mu\text{s})$。

据此,可选择 ADC0804:8 位、转换时间 100 μs。

电桥、滤波作为信号调理的重要环节,在测试系统中发挥着重要的作用。通过电桥可以将传感器测量输出的电阻、电容、电感等转化为电压信号输出,便于后期的信号运算处理和显示。而滤波可以有效地过滤掉测试信号中的无用信号或噪声,提高信噪比,保证测试信号在后期控制显示过程中的准确度和精度。模拟信号的数字化作为数字信号处理的前置环节,可以将模拟信号转换为数字信号处理器可以直接处理的数字信号,提高测试系统的稳定性和高效性。所有这些环节都是测试技术和测试系统的重要内容,在现代化生产和控制中发挥着重要作用。

思考与练习

1. 用电阻应变片及双臂电桥测量悬臂梁的应变 ε。其贴片及组桥方法如图 6-25 所示。已知图中 $R_1 = R_1' = R_2 = R_2' = 120\ \Omega$，上、下贴片位置对称，应变片的灵敏度系数 $k = 2$。应变值 $\varepsilon = 10 \times 10^{-3}$，电桥供桥电压 $u_i = 3\ \text{V}$。试分别求出如图(b)、图(c)组桥时的输出电压 u_o。

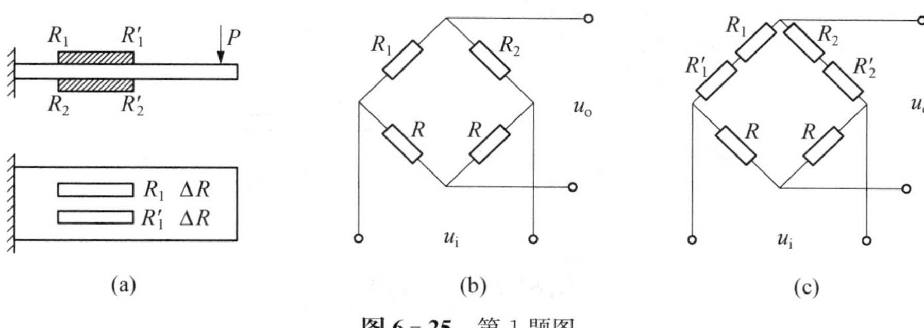

图 6-25　第 1 题图

2. 图 6-26 中所示为两直流电桥，其中图(a)为卧式桥，图(b)为立式桥，且 $R_1 = R_2 = R_3 = R_4 = R_0$。$R_1$、$R_2$ 为应变片，R_3、R_4 为固定电阻。试求在电阻应变片阻值变化为 ΔR 时，两电桥的输出电压表达式；并对其进行比较。

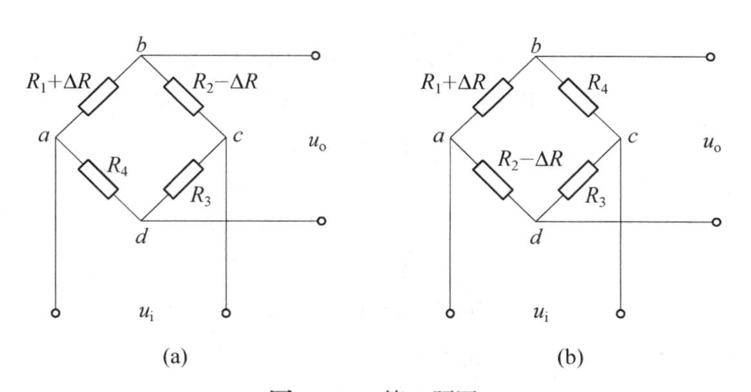

图 6-26　第 2 题图

3. 单臂电桥工作臂应变片的阻值为 $120\ \Omega$，固定电阻 $R_2 = R_3 = R_4 = 120\ \Omega$，电阻应变片的灵敏度 $S = 2$，电阻温度系数 $r_f = 20 \times 10^{-6}/℃$，线胀系数 $a = 3 \times 10^{-6}/℃$，求当工作臂温度升高 10 ℃ 时相当于应变值为多少？若试件的 $E = 2 \times 10^{11}\ \text{N/m}^2$，则相当于试件产生的应力 σ 为多少？

4. 图 6-27 所示用四片灵敏度 $S = 2$ 的电阻应变片组成全桥电路，且测试过程中 $\Delta R_1 = -\Delta R_2 = \Delta R_3 = -\Delta R_4$，且 $R_1 = R_2 = R_3 = R_4$，供桥直流电压为 6 V，求当输出 $u_o = 3\ \text{mV}$ 时应变片的应变值。

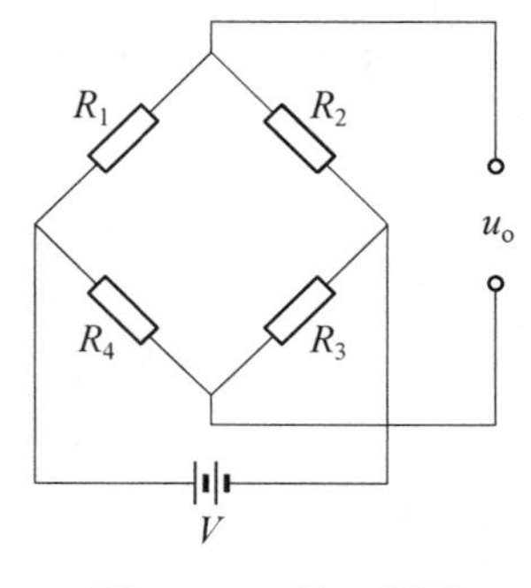

图 6-27　第 4 题图

5. 以阻值$R=120\,\Omega$、灵敏度$S=2$的电阻应变片与阻值$R=120\,\Omega$的固定电阻组成电桥，供桥电压为3 V，并假定负载为无穷大，当应变片的应变值为2 $\mu\varepsilon$和2 000 $\mu\varepsilon$时，分别求出单臂、双臂电桥的输出电压，并比较两种情况下的电桥灵敏度。

6. 用直流电桥测量悬臂梁应变的原理如图6-28所示。图中，$E=3\,\mathrm{V}$，$R_2=R_3=100\,\Omega$为固定电阻，R_1与R_4为分别粘贴于悬臂梁上下表面的电阻应变片。电阻应变片初始电阻值$R_a=R_b=50\,\Omega$，灵敏度$S=2$，设梁受力后产生应变为5 000 $\mu\varepsilon$，求此时电桥的输出电压U_o。

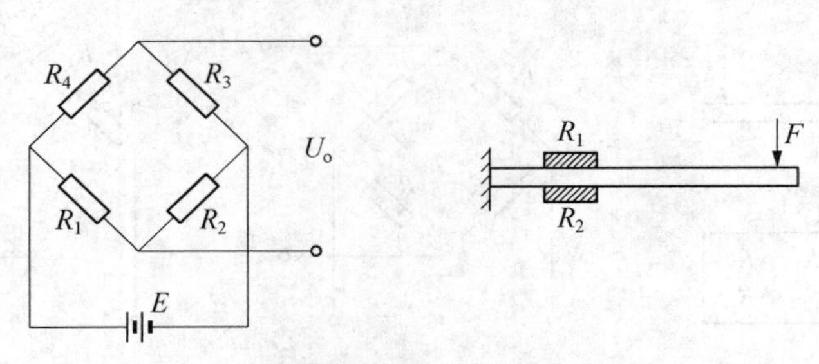

图6-28 第6题图

7. 用电阻应变片接成全桥，测量某一构件的应变，已知其变化规律为$\varepsilon(t)=A\cos 10t+B\cos 100t$，如果电桥的激励电压$u_i=U\sin 10\,000t$，试求此电桥的输出信号频谱图。

8. 有一个1/3倍频程带通滤波器，其中心频率$f_n=80\,\mathrm{Hz}$，求上、下截止频率f_{c2}、f_{c1}。

9. 试设计一个邻接式的1/3倍频程谱分析装置，其频率覆盖范围为11～35 Hz，求其中心频率和带宽。

10. 已知图6-29所示RC低通滤波器中$C=0.01\,\mu\mathrm{F}$，输入信号频率为$f=10\,\mathrm{kHz}$，输出信号滞后于输入$\varphi(f)=30°$。求R值。如输入电压的幅值为100 V，则求其输出电压幅值。

u_x R C u_y

图6-29 第10题图

11. RC低通滤波器中的$R=10\,\mathrm{k\Omega}$，$C=1\,\mu\mathrm{F}$。试求：①滤波器的截止频率f_c；②当输入为$x(t)=10\sin 10t+2\sin 1\,000t$时，滤波器输出表达式。

12. 什么叫采样定理？它在信号处理过程中起何作用？

13. 抗混滤波的作用是什么？其截止频率如何确定？

14. 对三个正弦信号$x_1(t)=\cos 2\pi t$、$x_2(t)=\cos 6\pi t$、$x_3(t)=\cos 10\pi t$进行采样，采样频率$f_s=4\,\mathrm{Hz}$。求三个采样输出序列，比较这三个结果并解释频率混叠现象。

15. 已知$x_1(t)$的频谱$Z_1(f)$如图6-30所示。

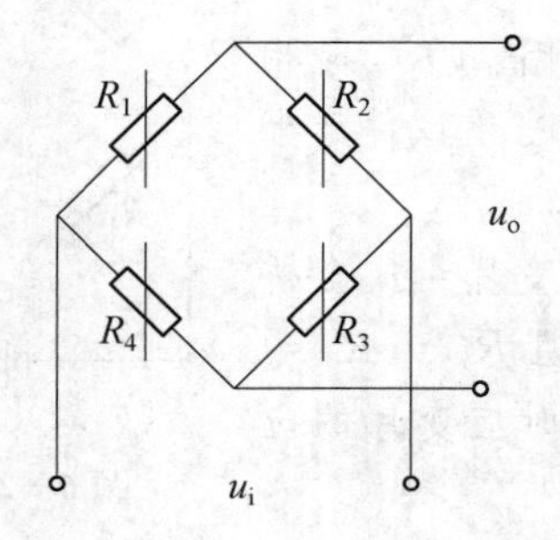

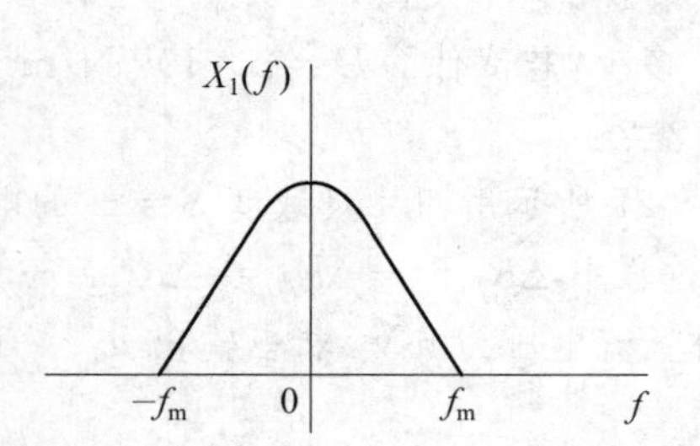

图6-30 第15题图

(1) 试画出 $x_1(t)\cos 2\pi f_m t$ 的频谱图。

(2) 假如令 $x(t)=x_1(t)\cos 2\pi f_m t$ 作为电阻应变片所接全桥的输入信号$\left[\text{即}\dfrac{\Delta R}{R}=x(t)\right]$，电桥的供电电压为 $u_i=U\cos 4\pi f_m t$。试画出电桥输出信号 u_o 的频谱图。

(3) 如对 u_o 进行离散采样，为不产生混叠，则采样频率 f_s 应为多少？

第7章

机械系统测量的工程案例

为了说明测试技术理论在工程实际中的应用方法，本章结合前几章理论学习的内容，分别介绍测量仪器的选择、机械系统动态性能测试以及测量信号处理的典型案例，通过这些案例说明测试技术理论在解决工程实际问题过程中所起到的作用及其实际应用的方法。

7.1 测量仪器选择案例

7.1.1 仪器动态特性指标

为了能够正确合理地选取测量仪器，首先需要掌握测量仪器的静态和动态性能指标，尤其是动态性能指标。通常，测量系统的动态特性指标有时域指标和频域指标两类，时域动态性能指标一般由阶跃响应特性参数来表示，主要有上升时间、响应时间和超调量等；频域动态性能指标由频率响应特性可得，主要有幅频特性和相频特性等。

高保真度动态测量系统在测试频率范围内，其幅频、相频特性应接近不失真测试条件，即其幅频特性在其测试信号的频率范围内等于常数，而其相频特性为线性关系。因此具有时变输入的动态测量系统，为了实现高精度的输入量测量，必须满足以下两项要求：

(1) 幅频特性在其测试信号的频率范围内等于常数；

(2) 相频特性为线性关系。

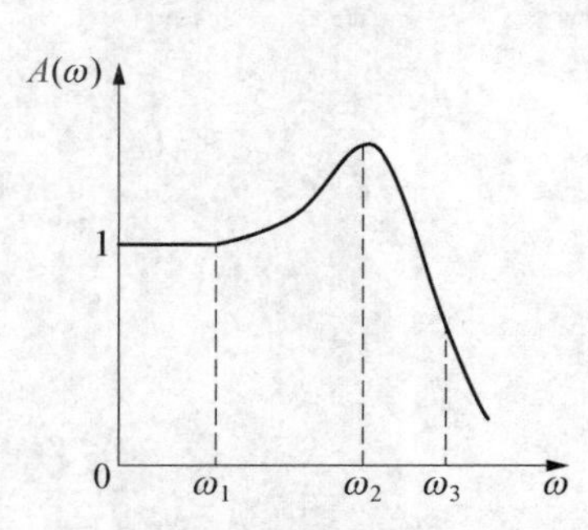

图7-1 某测试系统幅频特性曲线 $A(\omega)$

通常实际测量系统只在限定的频率范围内满足不失真测试条件，不可能在非常宽广的频率范围内都满足上述两项不失真测试的条件要求，所以一般既有幅值失真，也有相位失真。例如某测试系统的幅频特性曲线 $A(\omega)$ 如图7-1所示。当被测信号变化的频率小于 ω_1 时，这个测试系统能准确地反映被测信号。当被测信号的变化频率在 ω_2 附近时，这个测试系统所测出的信号远远大于真实信号。而当被测信号的变化频率在 ω_3 附近时，这个测试系统所测出的信号远远小于真实信号。如果不注意测试系统的动态性能指标，在做动态测量时，测量结果的误差可能会非常大。

因此，为某项应用选择测量系统时，系统的带宽应大到足以精确重复输入信号中存在的重要频率分量。通过有规则地加入纯正弦输入，并测量一定频率范围内的输出-输入幅值比，通过实验方法验证系统的带宽是否满足应用要求。

7.1.2　汽车振动测量传感器的选取案例

下面以怠速空转条件下汽车整车的振动测试为例，说明如何合理有效地选择传感器。

振动是自然界中广泛存在的现象。机器、建筑物、桥梁等经常处在外界或内在的激励之下，都不可避免地要发生各种各样的振动。严重的振动，会给机器和设备带来各种破坏，甚至会对人体造成严重的危害。以汽车为例，由于路面不平，车速和运动方向的改变，发动机工作激励以及车轮、传动系统不平衡质量等不同因素，汽车在行驶过程中会产生整车和局部（如仪表盘、气囊、座椅、后视镜等）的强烈振动，这些振动会严重影响汽车的平顺性、操纵稳定性、驾驶员的舒适性甚至是健康和安全。例如当车辆的随机振动频带在 30 Hz 左右时，人的腹腔将发生共振并引起呕吐。当随机振动频带在 300～400 Hz 时，人的脑腔将发生共振，使人头昏。因此在汽车出厂之前，需要模拟不同的工况和路面条件，对汽车进行不同的振动测试试验，控制振动、消除和避免振动的危害。对汽车振动进行测试时，正确合理地选择振动测试中的传感器，是振动测试中首先要考虑的问题。

7.1.2.1　振动传感器类型选择

振动量的表述通常有三种形式：加速度、速度和位移，因此可以在这三个物理量中选择任意一种来测量振动。由加速度、速度和位移三个物理量的数学关系可知，加速度是最基本的数学量，因此，在汽车振动测试中通常使用加速度传感器。根据不同的转换原理，加速度传感器分为压电式、压阻式、电涡流式、电感式等多种。其中，压电式加速度传感器因其具有频响宽、动态范围大、体积小、质量轻、可靠性高、使用方便等优点得到了广泛应用。因此在汽车振动测试中通常选取基于压电原理的加速度传感器。同时考虑到汽车的整车振动涉及如图7－2所示的三个方向，因此优先选用三轴加速度传感器。

图 7－2　汽车振动方向

7.1.2.2　加速度传感器性能指标的选取

在传感器选取过程中，正确地选用传感器需要考虑被测振动信号以下三个方面的因素：

(1) 被测振动量的大小；

(2) 被测振动信号的频率范围；

(3) 被测振动信号的现场环境。

合理地选取加速度传感器是在已知被测振动信号上述三个因素（可依据有限元仿真计算结果或经验结果）的基础上进行的。上述三个因素通常涉及加速度传感器的灵敏度与量程、频率测量范围、质量、尺寸、工作温度等性能参数和指标。

1) 加速度传感器的灵敏度和量程范围

灵敏度是加速度传感器最基本的指标之一，灵敏度的大小直接影响到传感器对振动信号的测量。传感器灵敏度的选择应根据被测振动量（加速度值）的大小而定，但是由于压电式传感器是测量振动的加速度值，在相同的位移幅值条件下，加速度与振动信号频率的平方成正比，不同频段的加速度信号大小相差甚远。因此尽管压电式加速度传感器具有较大的测量范围，但是在选用传感器灵敏度时应该对信号有充分的估计。加速度传感器的测量量程范围是指传感器在一定的非线性误差范围内所能测量的最大加速度值。作为一般原则，灵敏度越高，测量范围越小；反之，灵敏度越低，测量范围越大。灵敏度可在传感器性能指标中的参考量程范围内选取(需要兼顾频响、质量),在频响、质量允许的情况下,灵敏度可考虑高些,以提高后续仪器输入信号,提高信噪比。

如果已知汽车怠速运行条件下的被测加速度范围,可参照以下范围选择传感器灵敏度:振动加速度在 0.1～100g(g 为重力加速度)时,可选灵敏度为 3 000～30 pC/g 的加速度传感器;振动加速度在 100～1 000g 时,可选择20～2 pC/g 的加速度传感器;碰撞、冲击测量加速度一般在 10 000～1 000 000g,可选 0.2～0.002 pC/g 的加速度传感器。上述灵敏度为电荷灵敏度(S_q),而某些压电加速度传感器使用说明书上给出的是电压灵敏度(S_v,单位为mV/g),两者灵敏度之间有确定的转换关系,$S_v = S_q/C$。

2) 加速度传感器的测量频率范围

传感器的频率测量范围是指传感器在规定的频率响应幅值误差内(±3 dB、±5%、±10%),传感器能测量的频率范围。选择加速度传感器的频率范围应高于被测信号的振动频率,有倍频分析要求的加速度传感器的频率响应应该更高。通常,低频振动加速度传感器频率响应范围可以选为 0.2 Hz～1 kHz,中频振动可根据设备转速、设备刚度等因素综合估计频率,选择 0.5 Hz～5 kHz 的加速度传感器,而在碰撞和冲击测量中以高频居多。加速度计的安装方式不同也会改变使用频响(对振动值影响不大),安装面要平整、光洁,安装选择应根据方便、安全的原则。

在本例汽车振动测试中,根据汽车怠速运转条件下振动信号的频率范围,加速度传感器频率响应误差在不大于±5%的误差范围内,有效测量频率范围应覆盖 5～2 000 Hz。

3) 加速度传感器的质量

为避免在汽车振动测量过程中,增加质量负载,改变汽车的动态特性,加速度传感器的质量应远小于汽车质量(通常,小于被测试件质量的 1/10)。

4) 加速度传感器的尺寸

汽车振动测试中,为保证振动信号测量的准确性,通常要设置多个测量点,如驾驶员座椅、方向盘外缘、变速器换挡手柄等不同位置,因此在选用加速度传感器时还须考虑传感器的具体尺度便于安装。同时,加速度传感器安装时必须使安装方向与测量方向一致,并且应使传感器与被测物体之间有硬性边界传输,以使加速度计能够正确感受汽车的振动。常用传感器的加装方式有四种:螺钉加装、磁力加装座加装、胶粘剂粘接和探针加装。

7.1.3 称重传感器的选取案例

电子衡器是一种广泛应用于工厂、矿山、港口、码头等场所的称重计量设备,按其具体用途可以分为电子汽车衡、电子轨道衡、定量包装秤、钢材秤等。在结构上,电子衡器一般由秤体、称重传感器、称重显示仪表等几部分组成。其中,称重传感器是电子衡器的关键部件,其性能的好坏直接决定了电子衡器的准确度和稳定性。因此,在设计电子衡器时,如何正确地选用称重传感器关系到电子衡器能否正常工作,甚至整个衡器的可靠性和安全性。

称重传感器实际上是一种将质量信号转变为可测量的电信号输出的装置。选用电子衡器用称重传感器时,需要考虑传感器的实际工作环境、数量、量程、结构形式以及准确度等因素。

1) 工作环境对称重传感器选用的影响

考虑到电子衡器用称重传感器需要长期连续的使用,同时传感器可能工作在潮湿、粉末、电磁场、腐蚀气体、极端环境温度等复杂工作环境下,因此在选用电子衡器用称重传感器时要合理地考虑传感器的密封形式。目前,常用称重传感器的密封形式有胶质密封、橡胶密封、硅橡胶密封以及焊接密封等种类。从密封效果来看,焊接密封最佳。在选用具体的密封形式时,可根据传感器的工作环境、精度要求、成本等因素综合选取。例如,处于潮湿环境中的称重传感器很容易受到环境潮湿引起的短路的影响，因此在潮湿环境中应选用密封性能良好的传感器，如焊接密封式传感器；对于处于干净、干燥环境中的传感器，其对密封性要求不是很高，可以选用胶质密封。

2）传感器数量和量程的选取

称重传感器数量的选择，需要考虑电子衡器的用途、秤体需要支撑的点数等因素。一般来说，秤体有几个支撑点就选用几只传感器。但是对于一些特殊的秤体如电子吊钩秤只能采用一个传感器，一些机电结合秤应根据实际情况来确定传感器的数量。

在选择称重传感器的量程时，一般要考虑被测物料的最大称量值、传感器的数量、秤体的自重、正常操作下可能产生的最大偏载及动载等多种因素。一般来说，传感器的量程越接近分配到每个传感器的载荷，其称量的准确度就越高。但是，在实际设计中，为保证电子衡器的安全性和寿命，一般要求称重传感器工作在其30%～70%量程内，而对于一些在使用过程中存在较大冲击力的衡器，如动态轨道衡、动态汽车衡、钢材秤等，在选用传感器时，一般要扩大其量程范围，使称重传感器工作在其量程的20%～30%之内，以保证传感器的使用安全和寿命。

目前，电子衡器用称重传感器量程选取，可以根据以下经验公式计算选取：

$$C = K_0 K_1 K_2 K_3 (W_{max} + W)/N \tag{7-1}$$

式中，C 为单个称重传感器的额定量程；K_0 为安全系数，一般取值在1.2～1.3之间；K_1 为冲击系数；K_2 为秤体的重心偏移系数；K_3 为风压系数；W_{max} 为被称物体净重的最大值；W 为秤体自重；N 为秤体所采用支撑点的数量。

3）传感器结构形式的选取

称重传感器具有各种不同的结构形式，常用的结构形式有桥式、悬臂梁式、柱式、箱式、S型等。一个衡器承载体通常有多种结构形式的传感器可供选择，在选用传感器的结构形式时，要充分考虑安装空间、受力情况、性能指标、安装形式、弹性体的材质等因素，保证安装合适，称量可靠。比如铝式悬臂梁传感器适用于计价秤、平台秤、案秤等；钢式悬臂梁传感器适用于料斗秤、电子皮带秤、分选秤等；钢质桥式传感器适用于轨道衡、汽车衡、天车秤等；而柱式传感器适用于汽车衡、动态轨道衡、大吨位料斗秤等。

4）传感器精确度的选取

传感器的准确度等级包括传感器的灵敏度、非线性、蠕变、滞后、重复性等技术指标。在选取传感器的精确度时不能单纯地追求高等级的传感器，还需要兼顾其成本等因素。如果在同一称重系统内使用了 N 只并联使用的结构相同、型式相同、额定负荷相同的称重传感器，则由误差传递公式可得，其综合误差 e_N 可以表示为

$$e_N = e/\sqrt{N} \tag{7-2}$$

式中，e 为单个称重传感器的误差。因此，N 只称重传感器并联后，其总的综合误差是单个称重传感器综合误差的 $\sqrt{N}$ 倍，即总的综合误差是减小的。

对传感器精确度等级的选择应满足两个基本条件：①满足显示仪表输入的要求。称重显示仪表是对传感器的输出信号经过放大、A/D转换等处理之后显示称量结果的。因此，传感器的输出信号必须大于或等于仪表要求的输入信号大小。②满足整台电子衡器准确度的要求。一台电子衡器主要是由秤体、传感器、仪表三部分组成，考虑到理论计算容易受到客观条件的限制，因此对传感器准确度进行选择时，应使传感器的准确度略高于理论计算值。假设整

台电子衡器的综合误差为1,一般可取称重传感器的误差为0.7。

7.2 机械系统动态性能测试案例

机械系统的动态特性是指机械系统本身的固有频率、阻尼比和对应于各阶固有频率的振型以及机械在动载荷作用下的响应。这些特性对于机械系统的动力学性质、动态优化设计、正常运行和使用寿命以及抑制振动和噪声等发挥着重要作用,因此如何准确地获得机械系统的动态性能至关重要。目前常用的机械系统动态性能分析方法有两种:一是理论分析法,二是实验分析法。其中实验分析法是指对机械系统进行激励(输入),通过测量与计算获得表达机械系统动态特性的参数(输出)的方法。

模态试验分析方法是常用的机械系统动态性能实验分析方法。根据激励形式的不同,模态试验分析的实现方法可以分为不测力(环境激励)法、锤击激励法和激振器激励法。其中,锤击激励法又分为单点拾振法和单点激励法两种;激振器激励法又分为单点激励多点响应法和多点激励多点响应法。在试验过程中,试件采用单点激励还是多点激励取决于试件被整体激振的难度。如果单点激励就可以测得试件上任意点的响应,且响应幅度足够大,则采用单点激振即可,否则需要对试件进行多点激振。

锤击激励法是最简单常用的方法,它是利用安装有力传感器的"力锤"激励(击打)被试验试件,并利用传感器和数据采集系统测量被试验试件的响应(输出)信号,随后借助现代测试技术和计算机快速傅里叶变换,以脉冲试验原理和模态理论迅速求得结构模态参数的一种快速、简便、有效的方法,其原理如图7-3所示。在锤击试验中,需要通过数据采集器同步测量激励信号和响应信号,对测量到的激励信号和响应信号进行传递函数分析和快速傅里叶变换,得到机械系统的频率响应函数,并最终计算出结构的动态特性。

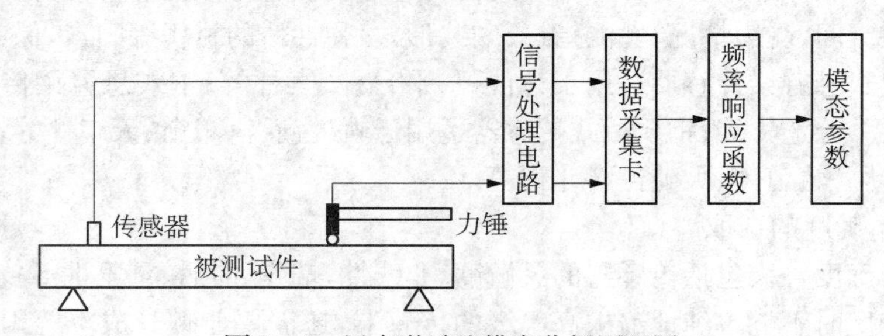

图7-3 锤击激励法模态分析原理图

力锤,又称手锤,是目前模态试验分析中经常采用的一种激励设备,其结构如图7-4所

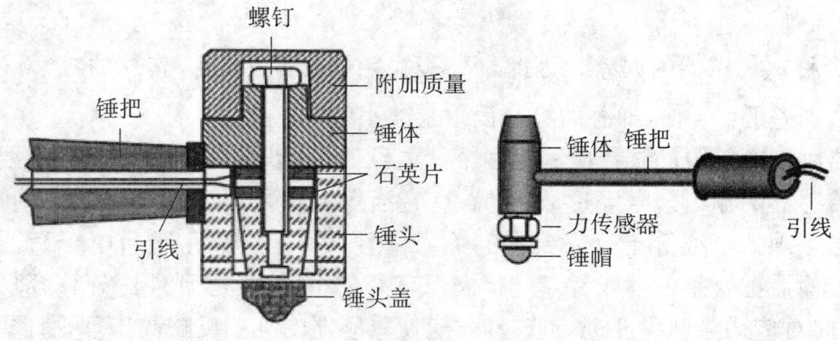

图7-4 力锤结构示意图

示。它由锤帽、锤体和力传感器等几个主要部件组合而成。当用力锤敲击试件时，冲击力的大小与波形由力传感器测得并通过放大记录设备记录下来。因此，力锤实际上是一种手握式冲击激励装置。常用力锤的锤体重约几十克到几十千克，冲击力可达数万牛顿。

力锤锤帽的材料不尽相同，使用不同材料的锤帽可以得到不同脉宽及频率响应范围的力脉冲，相应的力谱也不同。使用力锤激励结构时，要根据不同的结构和分析频带选用不同的锤帽材料。力锤的供应商标配的附件中通常提供四种不同材质的锤头：金属锤头（力锤上已安装的）、红色锤头（超软的橡胶锤头）、白色锤头（较硬的橡胶锤头）和黑色锤头（较软的橡胶锤头），如图7－5所示。力锤锤帽越软，其频响的带宽越窄，锤击时能量就越集中于低频区域，适用于激励共振频率集中在低频区的结构，如汽车座椅等；而金属锤帽的频响带宽最宽，适合激励共振频率在较高频率区间的结构，如汽车的刹车片等。

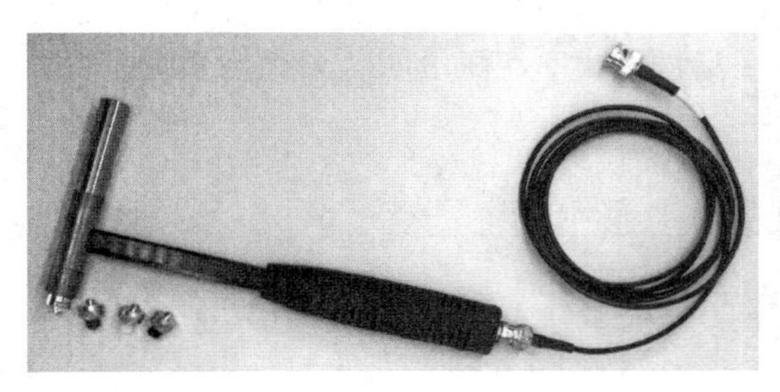

图7－5　力锤及锤帽

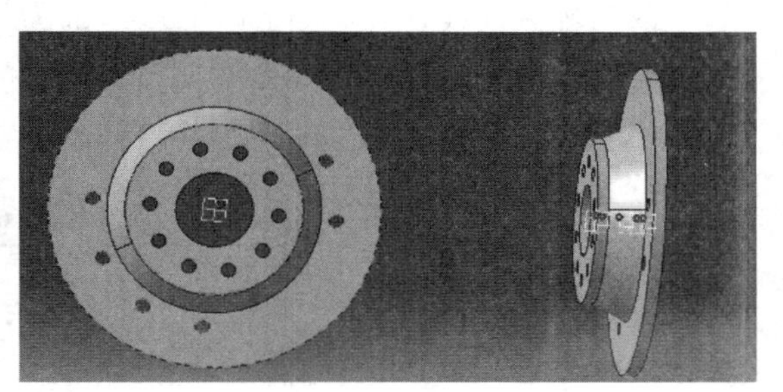

图7－6　盘式制动器几何模型

下面以采用力锤锤击激励法测量汽车盘式制动器的固有频率为例，说明机械系统动态性能的测试。盘式制动器的几何模型如图7－6所示。

1）激励方式的选择

由于盘式制动器属于小件试件，总体比较容易被激振，因此这里采用力锤单点激励。

2）激励力大小的选择与控制

激振力选择以能够激起比较明显的振动波形为宜，不可以过大，也不可以过小。过大的激振力一方面会引起盘式制动器的摇晃，另一方面会引起二次冲击，这都会对数据采集形成干扰，一些没有用的信号也会夹杂在所采集的数据中。激振力太小可能导致无法有效激起制动器振动，信号采集不充分可能会导致试验失败。在使用力锤进行实际激励过程中，可以通过更换锤帽、多次实验的方式得到有效的信号。

3）响应的测量

制动盘的模态试验采用单点激励多点拾振的方式。其中制动盘响应的测量采用加速度传感器实现。在盘式制动器外圈均匀布置四个加速度传感器，在内圈突出面上布置一个加速度传感器，使其能尽量表示盘式制动器形状并避开模态节点，同时应尽量减少加速度传感器数量，以避免加速度传感器质量对盘式制动器的影响。

4）盘式制动器的安装

模态分析中常用的试件安装方式有两种：一种方式是自由状态，即使得试件不与地面连接，自由地悬浮在空中。如用很长的柔性绳索将结构吊起，或放在很软的泡沫塑料上而在水平方向激振。另一种方式是地面支撑状态，结构上有一点或者若干点与地面固结。被测试件安装方式的确定应考虑如下原则：试件的刚体模态从弹性体模态中合理完好地分离出来，刚体模态和弹性体模态之间应较少有模态重叠或耦合；确保试验设置对系统的弹性体模态没

图 7-7　盘式制动器自由支撑方式

有影响。这里，制动盘选用自由安装方式，如图7-7所示。

在确定了激振方式、响应测量点以及结构支撑方式后，合理地选取力锤激励力的大小、加速度传感器和数据采集系统，即可实现盘式制动器的动态性能测试，通过数据采集器同步测量力锤激励信号和加速度传感器输出的响应信号，对测量到的激励信号和响应信号进行快速傅里叶变换后，便可得到系统的频响函数 FRF，即输出响应与激励力信号之比。常见的盘式制动器频响函数曲线如图 7-8 所示，上部为幅频曲线，中部为相频曲线，下部为相干函数。得到频响曲线后，如果频率响应曲线足够精确，则幅频曲线的第一个峰值就是系统的一阶固有频率，后面的几个峰值为系统的高阶频率。

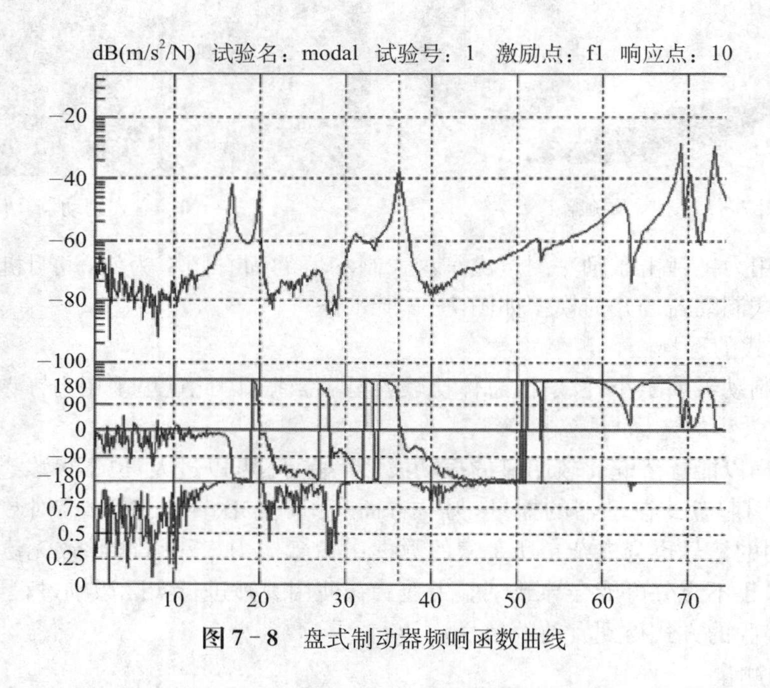

图 7-8　盘式制动器频响函数曲线

通常情况下，实验过程中难以一次得到精确的频响曲线，实验的有效性也难以保证，这主要与激励的大小、施加位置及被测试件的性质有关。因此，在实际的测量实验中，除对激励信号和响应信号进行传递函数分析，得到被测系统的 FRF 的幅频和相频曲线之外，还需要对信号进行功率谱分析和相关性分析，用来判断测量数据的有效性。图 7-8 中给出的测量结果并不是有效准确的测量，相干函数在 20～30 Hz 频段没有接近 1，也不够光滑。其原因可能是由于激振力大小选取不当，及测试环境中的随机振动引起的测量干扰。

7.3　测量信号处理案例

7.3.1　案例 1：实验模态分析信号处理

实验模态分析中最重要的是测量系统在特定激励下的频响函数。简单地说，频响函数是输出响应与激励力之比。精确的频响函数是获取正确的模态参数的前提。在通过力锤激励试验测量机械系统的动态特性时，测量的是系统的振动信号。如7.2节给出的案例就是通过测得制动器在力锤激励下的振动加速度信号得到其固有频率。由于振动信号中不可避免地存在随机信号，所以通常采用功率谱分析、相关分析等不同方法对信号进行分析处理，判断频响函数的有效性和质量，并最终得到准确的机械系统动态性能。

本案例仍以采用力锤激励法测定盘式制动器的固有频率为例，通过功率谱分析，对试验数据的好坏做出判断并得到制动器精确的固有频率。功率谱分析中的谱相干函数表示每一频率点上响应与激励之间的线性相关程度。在同一个振动系统中，谱相干函数都是用来评估激励与响应信号之间的关系，即有多少激励信号激起了多少的响应信号，从而判断信号之间的一种直接关系。相干函数的取值范围在0～1之间，相干值越接近于1，这就表示大部分响应信号都是激励信号所引起的。频响函数的结构准确性越高，噪声干扰越小，最终分析的结果就越准确。

实验过程中，可能影响测量结果有效性和准确性的因素包括力锤锤帽的材料、力锤激振力的大小及作用位置、激励是否有连击以及制动盘本身的非线性等。下面采用功率谱分析研究力锤锤帽对盘式制动器固有频率测量结果的影响。

当用一个非常软的锤头激励制动盘时，可以得到如图7-9所示的结果，图中曲线1为输入激励力功率谱，曲线2为FRF曲线，曲线3为激励信号与响应信号的相干函数。由图可以看出400 Hz以后，力谱(1)已严重衰减。同时注意到400 Hz以后，相干(3)开始严重衰减，FRF(2)也不再像400 Hz以前那么光顺。出现这个问题的原因在于，锤帽材料很软时，力锤的高频段没有足够的能量激起结构的响应，即激振力太小导致无法有效激起制动器振动。这样由输入引起的输出响应和FRF，以及相干都不够准确，本次实验不是有效的测量。

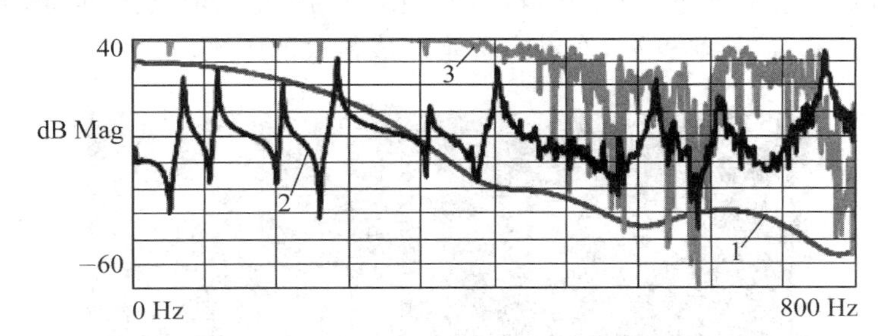

图7-9　软锤头激励时的激励力功率谱(1)，FRF曲线(2)和相干函数曲线(3)

用一个非常硬的锤头激励制动盘时，得到如图7-10所示的结果。图7-10中，输入力功率谱(1)在整个感兴趣的频带内非常平坦，基本没有衰减，但是本次测试的相干函数不是特别好。这是由于锤帽太硬时，激励力过大，导致高频段激励结构的能量太多，激起了结构的所有模态，尽管可以由此判断制动盘的固有频率，但是本次测量不够准确，仍为无效测量。

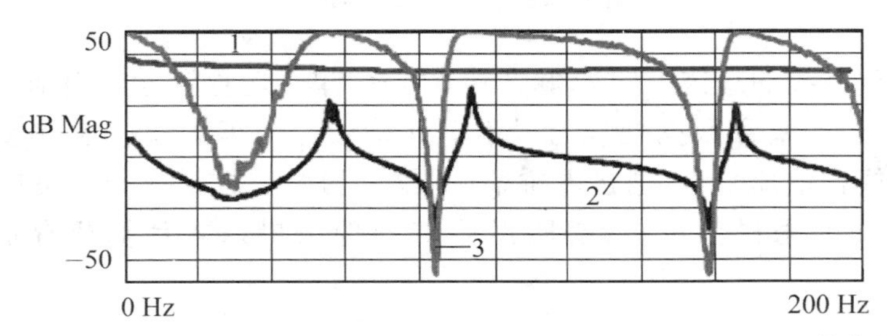

图7-10　硬锤头激励时的激励力功率谱(1)，FRF曲线(2)和相干函数曲线(3)

当用一个硬度适中的锤头激励制动盘时，可以得到如图 7－11 所示结果。由图可知，虽然激励力功率谱(1)在 200 Hz 内衰减了 10～20 dB，但是在 0～200 Hz 的带宽内，相干函数除有几个反共振峰外，效果非常好。因此，这是一次高质量的测试。同时由相干函数可知，制动盘的一阶固有频率大约为 40 Hz。

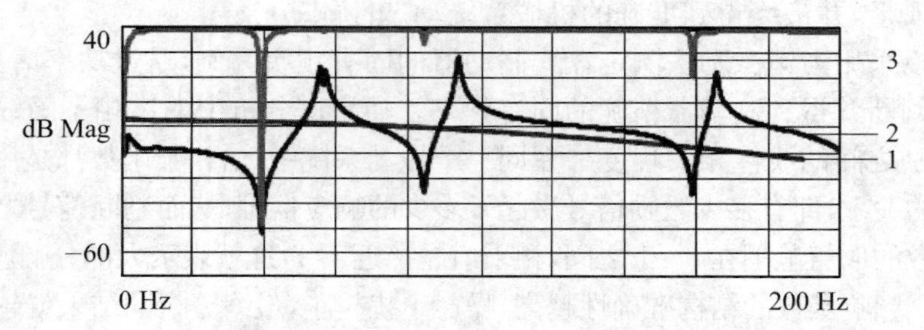

图 7－11 硬度适中锤头激励时的激励力功率谱(1)，FRF 曲线(2)和相干函数曲线(3)

由此案例可知，功率谱分析在判断测量信号的有效性方面发挥着重要的作用，此外功率谱分析还可以应用于信号识别、信号分离及故障诊断等多种不同的领域。

7.3.2 案例 2：汽车动态称重数据处理

动态称重(图 7－12)是智能交通系统的重要组成部分，所谓汽车动态称重就是在汽车行驶状态下进行称重，和静态称重相比，其具有节省时间、效率高、不干扰正常交通等优点。快速、准确地测量汽车轴载对于公路的运营、管理、养护、执法等方面都具有重要的意义。动态称重时，汽车以一定的速度通过汽车衡，不仅轮胎对秤台的作用时间很短，而且除真实轴重外，还有许多因素产生的干扰，如车速、汽车自身振动、路面激励、轮胎驱动力等，真实轴重往往被淹没在各种干扰中，这给高准确度的汽车动态称重造成很大的困难。

图 7－12 汽车动态称重系统

模拟动态称重系统的总体框图如图 7－13 所示，单个轮重测量台由承重板(包括限位螺栓)、称重传感器、电桥盒和数据处理与显示单元构成。当车辆经过承重板，传感器把压力载荷信号转换成模拟电压信号，通过电桥整流、放大和滤波送到数据采集通道的输入端，将转换后的数字量作为采样值进行处理，最后将处理结果送入计算机存储或等待进一步处理。

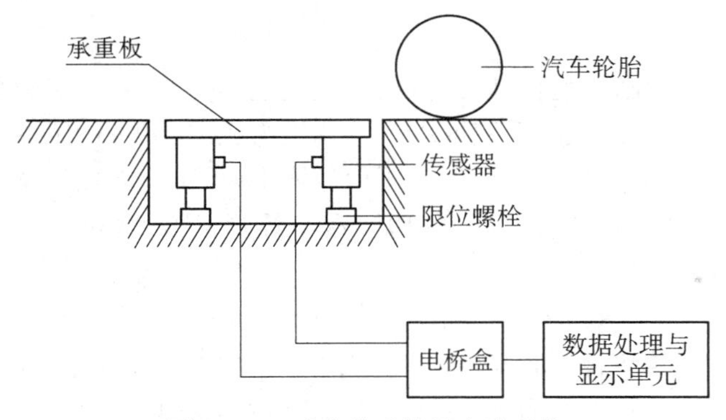

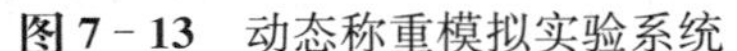

图 7-13　动态称重模拟实验系统

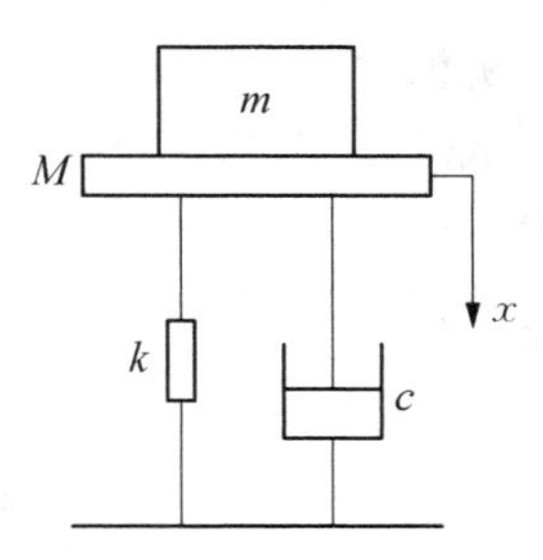

图 7-14　汽车动态称重模型

动态称重系统的数学模型分析如下：

对汽车动态称重系统进行模型分析时，汽车动态称重系统可简化成由质量块、等效弹簧、等效阻尼组成的单自由度二阶系统。如图 7-14 所示，图中 m、M、k、c 分别为汽车轴重、秤台重量、传感器等效弹簧和等效阻尼；x 为传感器弹性体在垂直方向的位移，它和传感器的输出电压成正比。

假定 M 和 m 从时间 $t=0$ 时一起振动，则有

$$(M+m)\ddot{x}(t)+c\dot{x}(t)+kx(t)=f(t) \tag{7-3}$$

式中，$f(t)$为秤台所受的力，根据牛顿第二定律并考虑秤台所受到的是一个阶跃力，$f(t)$可表示为

$$f(t)=mg\cdot u(t) \tag{7-4}$$

式中，$u(t)$为单位阶跃输入信号。将上式进行拉普拉斯变换，可以得到

$$H(s)=\frac{X(s)}{U(s)}=\frac{mg}{(M+m)s^2+cs+k} \tag{7-5}$$

$$X(s)=\frac{mg}{s[(M+m)s^2+cs+k]} \tag{7-6}$$

通常情况下，秤台重量 M 比汽车轴重 m 小得多，可以忽略。式(7-6)可近似表达为

$$X(s)\approx\frac{mg}{s(ms^2+cs+k)} \tag{7-7}$$

通过测试装置动态特性参数实验测量的方法，容易测量得到系统的阻尼比与固有频率，进一步根据传感器测量称台的位移 $x(t)$，即可得到待求的汽车轴重 m。

7.3.3　案例 3：雷达设备故障诊断

机械结构或设备在运行过程中会产生振动，当机械结构发生故障时，通常会引起振动异常。通过振动信号的检测和分析可以了解和掌握机器的运行状态，确定其整体或局部是否有异常发生，以便尽早地发现故障并分析其原因，这就是机械故障诊断技术。在机械故障诊断中测试技术及相应的信号处理技术发挥着至关重要的作用。常用的故障诊断分析方法包括时域分析法、功率谱分析法、边频带分析法、倒频谱分析法等。机械故障诊断的基本流程如下：机械设备—信号采集—提取特征信号—状态识别—诊断结果。在旋转机械设备如齿轮箱、轴承、电机等的状态监测和故障诊断中，由于其振动信号分析简单、可靠，因此得到了广泛的应用。下面以某雷达设备的故障诊断为例，说明机械测试及信号处理技术在故障诊断中的应用。

1）测试系统与信号采集

振动信号的有效采集是可靠的故障诊断的前提，因此需要合理地选用传感器，并搭建测试系统。机械故障诊断中的测试系统通常由传感器、采集前端和计算机组成。其中，传感器直接与被测试件相连，感应被测试件的振动信号并产生相应的电压信号输出；采集前端把传感器输出的电压信号经过放大、滤波以及A/D转换等一系列处理后输送给计算机；计算机对输入信号进行处理，得到需要的振动测试谱，提取特征参数。

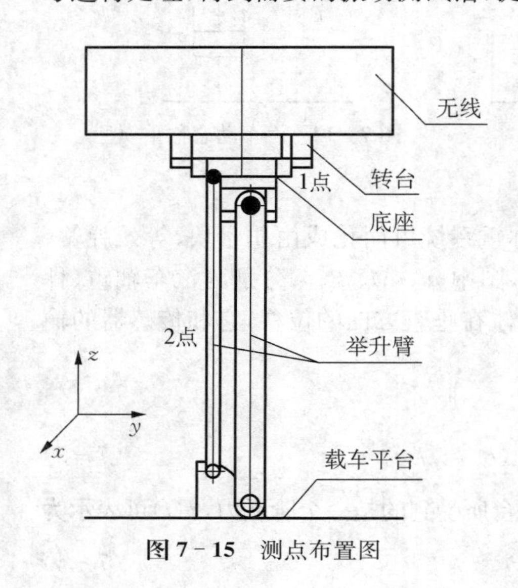

图7-15 测点布置图

在振动信号测试中，常用到加速度传感器。为了准确测量振动信号，一方面要合理选用传感器，另一方面要合理地布置测点。雷达由载车平台、举升臂、底座、转台和天线等结构构成，其基本结构如图7-15所示。工作时，通过底座中的传动机构驱动转台旋转，实现天线的旋转运动。在图7-15中1点处的x向布置一个加速度传感器，在2点处的x向和y向分别布置两个加速度传感器，三个传感器采集各测点的振动加速度。其中，1点是底座上最接近齿轮啮合处的点，而2点是举升臂上振动较大的点。

2）振动测试信号的分析

在具体的故障诊断中，采用了对比诊断法，即分别采集无故障雷达和故障雷达在相同测试点处的振动信号，通过对比确定故障源的所在。在具体的测试信号分析中，采用了功率谱和互相干函数的分析技术。

图7-16给出了无故障雷达和故障雷达在第1测点x方向、第2测点x方向和y方向的

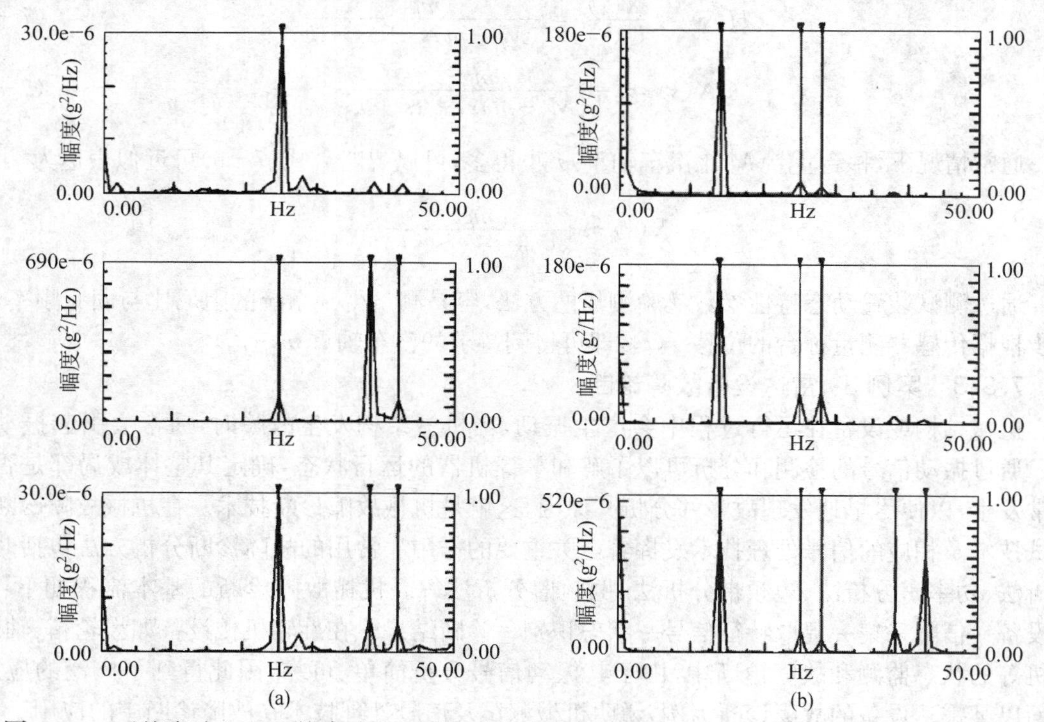

图7-16 无故障雷达(a)和故障雷达(b)在1点x方向(上)、2点x方向(中)和y方向(下)的功率谱

自功率谱。根据图 7-16 所示结果可以看出，在 0～50 Hz 的低频段内，无故障雷达的自功率谱在 25 Hz、38 Hz 和42 Hz 处出现峰值，而故障雷达的自功率谱在 14 Hz、25 Hz、28 Hz、38 Hz 和 42 Hz 处出现峰值，且 14 Hz 处峰值很大。故障雷达和无故障雷达的功率谱主要的差别体现在故障雷达在 14 Hz 处比无故障雷达多出一个峰值，且量级约为 25 Hz 处峰值的 10 倍。因此可以初步判断，故障的产生与频率为 14 Hz 的机构有关。

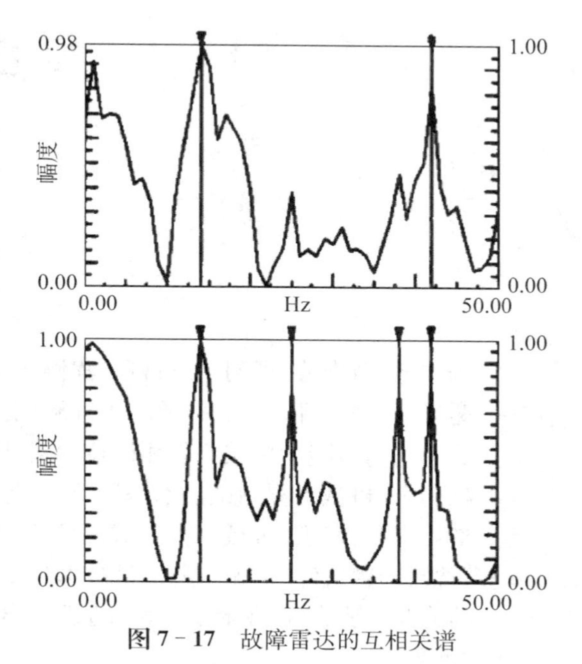

图 7-17　故障雷达的互相关谱

图 7-17 给出了故障雷达第 2 点测试数据与第 1 点测试数据的互相干谱。可以看出，互相干值在 14 Hz、25 Hz、38 Hz 和 42 Hz 处均大于 0.7，可以认为故障雷达臂的异常振动是由第 1 点振动引起的。

考虑雷达传动机构的结构对故障源进行分析。雷达传动机构由减速机和一级齿轮组组成。减速机安装安装在底座上，小齿轮安装在减速机输出轴上，与安装在转台上的大齿轮形成啮合关系。当天线以工作转速旋转时大齿轮的啮合频率计算如下：

$$f = nz/60 \tag{7-8}$$

式中，n 为大齿轮的转速，测试过程中天线的工作转速为 6 r/min；z 为大齿轮齿数 137。由此，可以计算出大齿轮的啮合频率约为 13.7 Hz。由于信号采集系统的频率分辨率为 1 Hz，所以可以确定故障雷达振动频谱中 14 Hz 的频率即为大齿轮的啮合频率，而 28 Hz、42 Hz 是 14 Hz 的倍频。

通过本章上述三个方面的案例可知，测试技术理论渗透于工程实际应用的各个环节，无论是传感器及测试系统的合理选择，还是测试信号的获取以及测试信号的处理，都在工程实际问题的解决中发挥着至关重要的作用。

参考文献

[1] 杨仁逖，黄惟公，杨明伦．机械工程测试技术[M]．重庆：重庆大学出版社，1997．

[2] 谢里阳，孙红春，林贵瑜．机械工程测试技术[M]．北京：机械工业出版社，2012．

[3] 熊诗波，黄长艺．机械工程测试技术基础[M]．北京：机械工业出版社，2006．

[4] 杜向阳．机械工程测试技术基础[M]．北京：清华大学出版社，2009．

[5] 刘培基，王安敏．机械工程测试技术[M]．北京：机械工业出版社，2004．

[6] 黄惟公，曾盛绰．机械工程测试技术与信号分析[M]．重庆：重庆大学出版社，2002．

[7] 陆光华，彭学愚，张林让，等．随机信号处理[M]．西安：西安电子科技大学出版社，2002．

[8] 李冰莹．汽车轴重动态测量系统设计[J]．衡器，2011，40(8)：48－49．

[9] 郎佳红，章家岩．基于系统参数辨识汽车动态称重的技术应用的探讨[J]．中原工学院学报，2008，19(6)：55－59．

[10] 黄俊钦．动态计量与测试的主要问题及其进展[J]．宇航计测技术，1985(24)：9－15．

[11] 赵圣占，毕文辉．振动测试中传感器的选择与使用[J]．仪器仪表用户，2011，18(1)：86－89．

[12] 符瑜慧，李雪松，杨红，等．振动试验中加速度传感器的选择[J]．环境技术，2009，27(3)：44－46．

[13] 陈伟．船舶振动测试中传感器的选取与加装[J]．中国科技信息，2015(24)：143．

[14] 王伯雄．测试技术基础[M]．北京：清华大学出版社，2012．

[15] 陈光军．测试技术[M]．北京：机械工业出版社，2014．

[16] 杨毅明．数字信号处理[M]．北京：机械工业出版社，2012．

[17] 朱冰莲．数字信号处理[M]．北京：电子工业出版社，2011．

[18] 钱苏翔．测试技术及其工程应用[M]．北京：清华大学出版社，2010．

[19] 王丰元，邹旭东．汽车试验测试技术[M]．北京：北京大学出版社，2015．

[20] 董海森，王蕾．机械工程测试技术学习辅导[M]．北京：中国计量出版社，2010．

[21] 魏少轩．电子称重系统传感器的选用技术[J]．计量与测试技术，1996(6)：18－19．

[22] 孙廷耀．谈谈如何选用称重传感器[J]．中国计量，2000(11)：42－43．

[23] 罗泽华．电子衡器称重传感器选用的一般规则[J]．衡器，2003，32(4)：41－41．

[24] 王晓红．振动测试技术在雷达故障检测中的应用[J]．电子机械工程，2009，25(1)：17－19．

[25] 刘君华．智能传感器系统[M]．2版．西安：西安电子科技大学出版社，2010．

[26] 刘刚. 信息时代的新型传感器[J]. 山东科技大学学报(自然科学版),2003(22):102-104.
[27] 李补莲. 浅议信息时代的新型传感器[J]. 传感器世界,2002,8(6):6-11.
[28] [佚名]. 奇石乐(中国)有限公司官方网站[EB/OL],[2017-08-09]. https://www.kistler.com/cn/zh/.